2013 农业资源环境保护与农村能源发展报告

农业部农业生态与资源保护总站

中国农业出版社

图书在版编目（CIP）数据

2013农业资源环境保护与农村能源发展报告/农业部农业生态与资源保护总站编. —北京:中国农业出版社,2013.12
ISBN 978-7-109-18805-1

Ⅰ.①2… Ⅱ.①农… Ⅲ.①农业资源—资源利用—研究报告—中国—2013②农业环境保护—研究报告—中国—2013③农村能源—研究—中国—2013 Ⅳ.①F323.2 ②X322.2

中国版本图书馆CIP数据核字(2013)第317673号

中国农业出版社出版
（北京市朝阳区农展馆北路2号）
（邮政编码　100125）
责任编辑　刘　伟　廖　宁

中国农业出版社印刷厂印刷　新华书店北京发行所发行
2014年1月第1版　2014年1月北京第1次印刷

开本：889mm×1194mm　1/16　印张：4.5
字数：100千字
定价：78.00元

编委会

序 言

农业是与自然资源和生态环境密切相关的产业，农业生产是经济再生产与自然再生产相互交织的过程，两者必须统筹兼顾、协调均衡，才能在满足人类农产品需求的同时，更好地保护资源和改善环境。我国几千年农耕文明孕育出来的梯田系统、稻田养鱼、间作轮作、庭院经济等生态农业模式，较好地兼顾了发展与保护的关系，为促进农业可持续发展、推动现代生态文明建设提供了重要参考。

当前，我国农业发展进入到转型升级的关键时期，要在人口数量持续增加、资源约束日趋紧张、环境压力不断加大的情况下，确保农产品长期有效供给，支撑工业化、城镇化快速推进，推动农业生产经营方式有效转变，回应社会公众对质量安全的诉求期盼，必须按照高产、优质、高效、生态、安全的要求，加快发展现代农业，实现农业向现代高效生态农业转型，更加自觉地走生产发展、生活富裕、生态良好的可持续发展道路。

党中央、国务院历来高度重视农业生态建设与资源环境保护工作，进入新世纪以来，出台了一系列关于加强农业资源环境保护和农村能源建设的政策措施。党的十八大报告首次将生态文明建设独立成篇，纳入“五位一体”格局，摆在更加突出位置。十八届三中全会通过的《中共中央关于全面深化改革若干重大问题的决定》也对资源节约利用和生态环境保护等提出了明确要求，强调建立系统完整的生态文明制度体系，实行最严格的源头保护制度、损害赔偿制度、责任追究制度，完善环境治理和生态修复制度，用制度保护生态环境。这些重大政策措施和工作部署，为推动农业在实现粮食生产“九连增”、农民增收“九连快”的新的起点上，实现农业生态环境逐步改善，产品质量安全水平不断提升，农业农村经济可持续发展提供了强有力支撑。

近年来，随着生态文明理念不断深入人心，我国农业资源环境保护与农村能源建设工作取得了明显成效，呈现出良好发展势头。农业生物资源保护工作全面加强，拥有了自己的种质库和基因银行，种质资源开发利用取得长足进步。农业生态环境建设不断强化，一大批节约型、循环型技术与模式得到示范推广，农业面源污染防治力度进一步加大，农村清洁工程实现了家园美化、田园清洁。农村生产生活节能减排稳步推进，以沼气为重点的农村可再生能源发展迅速，并已成为各地重要的民生工程和新农村建设的亮点。“美丽乡村”创建活动深入开展，许多地方农村人居环境有了明显改善，优美的田园风光带动了当地休闲观光产业发展，促进了农民就业，增加了农民收入，为促进农业生态文明建设奠定了扎实基础。

真实记录农业资源环境保护与农村能源事业发展历程，梳理出台的政策法规，总结现有的工作经验，宣传有效的技术模式，积累重要的数据资料，对于面向未来谋划发展很有必要、很有意义。农业部农业生态与资源保护总站牵头组织编写的这本报告，对农业资源环境保护与农村能源建设近年来的工作进行系统总结和归纳，涵盖了政策法规、体系建设、项目工程、技术模式、国际交流等诸多方面，对全国农业资源环境保护与农村能源建设行业发展具有重要参考价值和指导作用。希望这项工作能够坚持下去，逐步打造在行业有权威性、在社会有影响力的特色品牌。

2013年12月

前　言

呈现在大家面前的，是农业部农业生态与资源保护总站首次发布的农业资源环境保护与农村能源发展报告。

党的十八大以来，随着生态文明建设理念不断深入人心，农业资源环境保护与农村能源发展越来越受到各级政府的高度重视和社会各界的广泛关注。作为全国农业资源环境保护与农村能源建设的“网头”单位，编写一本反映本领域发展状况的报告无疑是十分必要的。为此，我们专门组织力量编写了这本发展报告。

本报告主要收集了2012年农业资源环境保护与农村能源建设领域的一些重要政策法规、重大工程项目、重点工作安排等内容。报告内容由相关业务单位和专业研究人员提供。

农业资源环境保护与农村能源建设涉及诸多领域，由于时间比较紧，工作协调难度大以及部分行业领域的数据资料已通过发展报告、工作年报等方式对外公布。因此，本报告未将草原生态、渔业资源环境、耕地保护等相关内容纳入其中，敬请读者理解。

希望本报告能为农业资源环境保护与农村能源建设领域有关人员进行科学普及、开展学术研究、加强工作指导等提供一定帮助。万事开头难，由于编者水平有限，内容难免以偏概全、挂一漏万，敬请读者批评指正。

编　者

2013年12月

目录

加强农业资源环境保护与农村能源建设促进农业可持续发展

加强农业资源环境保护与农村能源工作，是促进农业生态文明建设、推动农业可持续发展的重要内容。近年来，我国农业资源环境保护与农村能源建设迎来了重要发展机遇。党的十八大把生态文明建设摆在突出地位，提出“五位一体”的总布局，并将建设社会主义生态文明纳入党章，作为党的行动纲领指南。新修订的《中华人民共和国农业法》、《中华人民共和国农业技术推广法》、《中华人民共和国清洁生产促进法》等对农业资源环境保护与农村能源建设工作进行了专门阐述，提出了明确要求。国务院制定发布了《生物质产业发展规划》、《节能减排“十二五”规划》等重要文件。全国有24个省（自治区、直辖市）颁布实施了《农业环境保护条例（或办法）》，10个省（自治区）颁布实施了《农村能源（可再生能源）条例》。各级农业资源环境保护与农村能源管理部门抢抓机遇，解放思想，改革创新，扎实工作，全力推进农业资源环境保护与农村能源建设工作不断开创新局面、实现新突破、取得新成效。

农业资源环境保护与农村能源管理体系不断加强。健全完善的工作体系和运行机制是做好各项工作、推动事业发展的根本保证。农业部始终致力于加强农业资源环境保护与农村能源管理体系建设，在机构编制资源非常紧张、调配难度非常大的情况下，2012年批准成立了农业部农业生态与资源保护总站，为强化农业资源环境保护与农村能源建设工作提供了有力的组织保障。各地围绕生态文明建设，不断加强管理队伍建设，有9个省（自治区、直辖市）设立了涵盖农业资源环境保护与农村能源行业的综合管理机构。截至2012年年底，全国有36个省（自治区、直辖市）及计划单列市设立了农业资源环境保护机构，其中省级站（含计划单列市）33个，地级站326个，县级站1794个，从业人员达1.2万人；全国农村能源管理推广机构1.3万个，其中：省级40个，地市级341个，县级2699个，乡级9891个，从业人员3.99万人。中国农业生态环境保护协会、中国农村能源行业协会、中国沼气学会等社团组织，配合有关部门，围绕农业资源环境保护与农村能源建设事业，开展了科技推广、学术交流、政策咨询、教育培训等工作，发挥了重要支撑作用。

农业野生植物保护与外来物种防控工作取得长足进展。加强农业野生植物保护与外来物种防控，是保护农业生态环境、保障国家生物安全的重要举措。2012年，农业部制定了《农业野生植物原生境保护点监测预警技术规程》、《农业野生植物异位保存技术规程》、《农业野生植物自然保护区建设标准》等行业标准。开展了物种资源调查工作，基本查清了172个农业野生植物物种的分布状况和生态环境特点。抢救性收集农业野生植物资源1257份。初步建立了以农业专家咨询组为龙头，34个省（自治区、直辖市）农业环保站为主体，276个地级站和1572个县级站为基础的四级外来入侵物种监测预警网络。完善了《外来物种管理办法》。完成了《外来入侵杂草根除指南》、《薇甘菊综合防治技术规程》、《福寿螺综合防治技术规程》等7项农业行业标准。开展了3次外来入侵生物集中灭除活动，累计防治（铲除）外来入侵生物960多万亩*。

*：亩为非法定计量单位，1亩≈667平方米。

农业生态环境保护力度进一步加大。保护农业生态环境就是保障农产品质量安全、保护农民的田园家园。2012年，农业部编制修订农产品产地保护标准2项，累计达到63项。印发了大中城市郊区、污灌区等重点区域水稻、小麦（玉米）、蔬菜三类产地土壤重金属监测技术规范（试行）。启动了“十二五”农产品产地土壤重金属污染防治工作，贯彻落实《农产品产地土壤重金属污染防治实施方案》，在天津、河北等9个区域开展了农产品产地土壤重金属污染修复示范，示范总面积3万亩。编制完成了《农田地表径流面源污染监测技术规范—氮磷》和《农田地下淋溶面源污染监测技术规范—氮》两项农业行业标准。调整优化全国农业面源污染国控监测网，国控监测点达到160多个，监测小区1200余个。启动全国农业面源污染调查工作，筛选典型种植地块17 740个、畜禽养殖单元7035个以及农村生活源自然村170个。推进农业面源污染示范区建设，编制了《规模化畜禽养殖污染防治工程实施方案》。在北京、河北等24个省（自治区、直辖市）开展农村清洁工程示范，示范村庄137个，农村清洁工程示范村累计达到1500余个。启动农业清洁生产示范项目，试点开展地膜回收利用、生猪清洁养殖、蔬菜清洁生产等工作。

农村能源建设工作稳步推进。发展以沼气为重点的农村可再生能源，是促进资源循环利用、推动农村节能减排、改善农民人居环境的战略举措。2012年，农业部与国家发改委联合下发了《关于进一步加强农村沼气建设的意见》，加强了农村沼气建设工作的顶层设计。全国农村沼气工作会议提出了新时期农村沼气工作“五个转变”的新思路，为今后农村沼气事业发展指明了方向。中央财政分两批下达了农村沼气项目投资计划，总投资30亿元。积极推进绿色能源示范县建设，北京延庆、江苏如东等108个县（市）被授予“国家首批绿色能源示范县”称号。举办了全国农村妇女沼气使用知识竞赛，参加选拔的农村妇女达1.2万人。积极推动农村户用沼气项目进入碳汇交易市场，农村沼气项目年减排量达221万吨二氧化碳当量。截至2012年年底，全国新增沼气用户174万户，总用户达到4083万户，年产沼气138亿立方米；新增沼气工程12 762万座，沼气工程达到91 952万座，年产沼气19.84亿立方米。沼气产量替代化石能源2500多万吨标准煤，减少二氧化碳排放6000多万吨。通过农村沼气年处理粪污10多亿吨，减少化肥、农药施用量20%以上，改良土壤8000万亩，为农民增收节支480多亿元。

农业资源环境保护与农村能源国际合作交流多形式全方位展开。推动行业领域国际合作交流是引进吸收国外先进技术和管理经验，充分利用国际市场和国际资源，推动行业“走出去”的重要途径。农业部门主动适应国际形势发展需要，积极参加联合国气候变化框架公约、生物多样性保护公约等履约谈判，组织参与蒙特利尔议定书、全球农业温室气体研究联盟活动。组织实施国内清洁发展机制基金项目。继续执行“作物野生近缘植物保护与可持续利用”、“农业行业甲基溴淘汰”和“节能砖与农村节能建筑市场转化”等国际合作项目。组织参加“全球农业温室气体研究联盟”理事会会议和相关谈判，编制了《应对气候变化农业行动方案》，实施了“气候变化对农业生产的影响及应对技术研究”等相关科研项目。结合中国与荷兰政府合作项目，扩大农村能源标准化的国际合作与交流。全面加强中德沼气合作，签署沼气合作备忘录，举办中德沼气工作组第一次会议。以农村能源与可持续发展为主题，举办了壳牌大学生农村能源暑期实践活动。

体系建设

目前，全国已经初步建立了农业资源环境保护与农村能源的管理服务体系，初步形成了中央、省、市（地）、县的农业资源环境与农村能源管理、监测、推广网络。各级农业资源环境保护机构2100多个，从业人员1.2万多人；各级农村能源管理和技术推广机构1.3万多个，90%以上的县都建立了专门的机构，从业人员近24万人。在中央以及地方各级政府的共同推动下，农业资源环境保护与农村能源领域的相关法律法规不断完善，出台了相关政策文件，颁布了一系列质量标准，各地也相继颁布了相关政策法规，为我国农业资源环境保护和农村能源建设工作持续推进打下了坚实基础。

组织机构

目前，全国有36个省（自治区、直辖市）及计划单列市均成立农业资源环境保护机构，初步建立了省、地（市）、县的农业资源环境管理、监测、推广网络。截至2012年年底，省级、地级、县级农业环保站总数已达2153个，其中省级站（含计划单列市）33个，地级站326个，县级站1794个。

全国农村能源管理推广机构1.3万个，其中：省级36个、地（市）级341个、县级2699个、乡级9891个。农村能源服务体系现有省级实训基地13个127人，地（市）级服务站48个301人，县级服务站983个5203人；乡村服务网点9.92万个16.88万人，服务农户2901万户。

各省（自治区、直辖市）及计划单列市农业资源环保与农村能源管理部门一览表

省（自治区、直辖市）及计划单列市	环保及能源单位名称
北京市	北京市农业局农村能源生态处
	北京市农业环境监测站
天津市	天津市农委能源生态处
	天津市农业环境保护管理监测站
河北省	河北省农业环境保护监测站
	河北省新能源办公室
山西省	山西省农业生态环境建设总站（山西省农村可再生能源办公室）
内蒙古自治区	内蒙古自治区农村生态能源环保站
辽宁省	辽宁省农业环境保护监测站
	辽宁省农村能源办公室
吉林省	吉林省农业环境保护与农村能源管理总站
黑龙江省	黑龙江省农业环境保护监测站
	黑龙江省农村能源办公室
上海市	上海市农委综合发展处
	上海市农业技术推广服务中心
江苏省	江苏省农委农业生态环境保护与农村能源处
	江苏省农业环境监测与保护站

（续）

省（自治区、直辖市）及计划单列市	环保及能源单位名称
浙江省	浙江省农业生态与能源办公室
安徽省	安徽省农委农村能源办公室
	安徽省农业生态环境总站
	安徽省农村能源总站
福建省	福建省农业生态环境与能源技术推广总站
江西省	江西省农业环境监测站江西省(农村能源管理站)
山东省	山东省农业环境保护总站
	山东省农业厅生态农业处（农村可再生能源办公室）
河南省	河南省农村能源环保总站
湖北省	湖北省农业生态环境保护站
	湖北省农村能源办公室
湖南省	湖南省农业资源与环境保护管理站
	湖南省农村能源领导小组办公室
广东省	广东省农业环保与农村能源总站
广西壮族自治区	广西壮族自治区农业生态与资源保护总站
	广西壮族自治区农村能源办公室
海南省	海南省农村环保能源站
四川省	四川省农业厅土壤肥料与资源环境处
	四川省农村能源办公室
重庆市	重庆市农委农业生态与农村能源处
	重庆市农业环境监测站
贵州省	贵州省农委生态能源处
	贵州省农业资源环境保护站
	贵州省农村能源管理站
云南省	云南省农业环境保护监测站
	云南省农村能源建设工作协调领导小组办公室
西藏自治区	西藏自治区农牧厅科教处
陕西省	陕西省农业环境保护监测站
甘肃省	甘肃省农业生态环境保护管理站
	甘肃省农村能源办公室
青海省	青海省农牧厅科技处
	青海省农业生态环境与可再生能源指导站
宁夏回族自治区	宁夏回族自治区农业环境保护监测站
	宁夏回族自治区农村能源工作站
新疆维吾尔自治区	新疆维吾尔自治区农业资源与环境保护站
	新疆维吾尔自治区农村能源工作站
大连市	大连市农业环境保护监测站
	大连市农村能源工作促进中心
宁波市	宁波市农业环境与农产品质量监督管理总站
	宁波市农业技术推广总站
青岛市	青岛市农业环保能源工作站
新疆生产建设兵团	新疆生产建设兵团农业局科教处
黑龙江省农垦总局	黑龙江省农垦总局能源办公室

人员队伍

全国农业环保从业人员1.2万人。从业人员中：省级592人、地级2237人、县级9233人。其中，专业技术人员9119人，管理人员2943人，专业技术人员占总人数的75.60%。专业技术人员中拥有高级职称2172人，中级职称4706人，高级职称的人员占总人数的18%；从业人员中具有大学本科以上学历5658人，占总人数的46.90%。

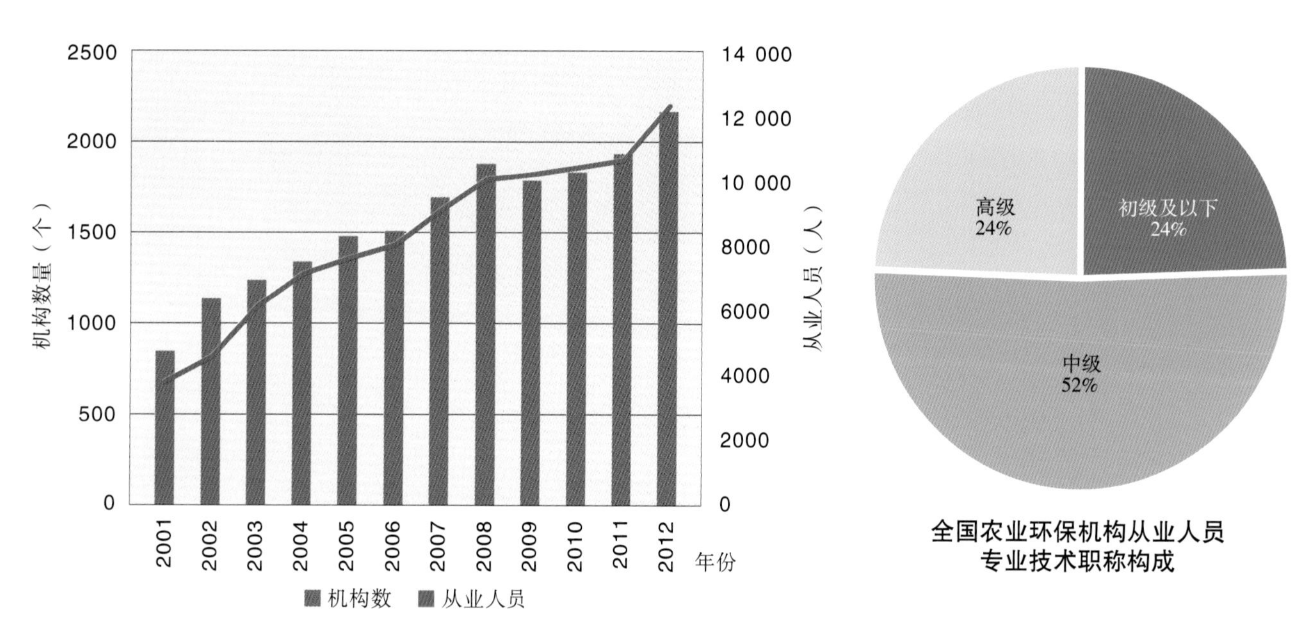

2001—2012年全国农业环境保护监测机构情况

全国农业环保机构从业人员专业技术职称构成

全国农村能源管理系统从业人数3.99万人。其中本科及以上9156人，占22.93%；大专1.75万人，占43.89%；高中及以下1.32万人，占33.18%。

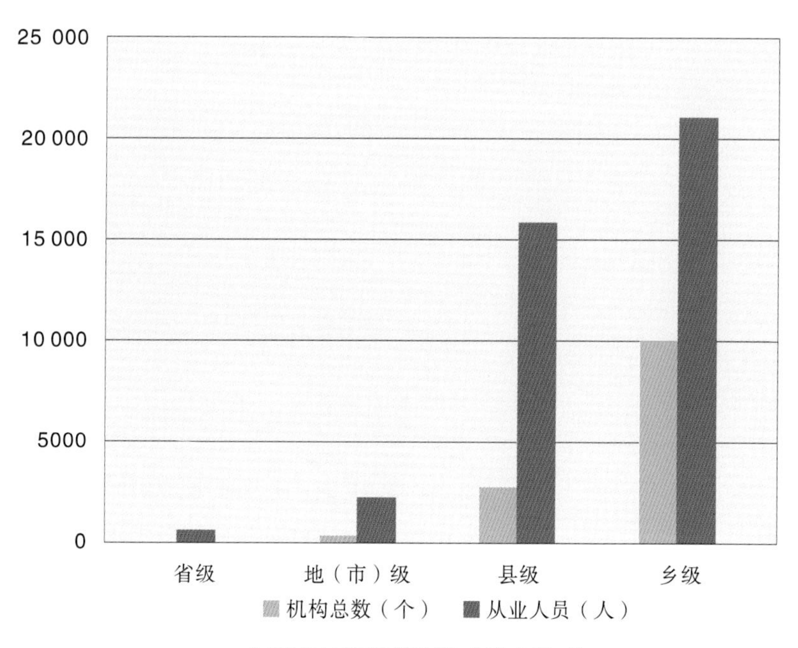

全国农村能源管理推广队伍构成

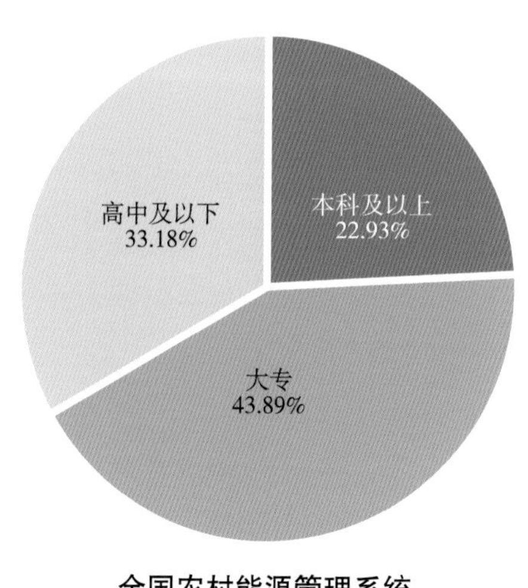

全国农村能源管理系统人员学历构成

农业部农业生态与资源保护总站成立

左起分别为：农业部农业生态与资源保护总站站长王衍亮、农业部人事劳动司司长曾一春、农业部副部长张桃林、农业部科技教育司司长唐珂

根据中央编办《关于农业部设立农业生态与资源保护总站的批复》（中央编办复字〔2011〕253号）和《农业部关于成立农业部农业生态与资源保护总站的决定》（农人发〔2012〕7号），成立农业部农业生态与资源保护总站。

2012年10月18日，农业部农业生态与资源保护总站成立仪式在北京举行。作为全国农业资源环保与农村能源体系的网头，农业部农业生态与资源保护总站主要职责是：承担农村可再生能源、农业和农村节能减排的技术示范推广；研究农业面源污染治理政策和技术，开展基本农田环境污染监测和评价；承担生态农业、循环农业技术研究与示范推广；开展农业野生植物资源调查、收集、保护；开展外来入侵生物调查、监测预警和防治方案研究等工作。

农业部副部长张桃林为农业部农业生态与资源保护总站揭牌

农业部农业生态与资源保护总站站长王衍亮在成立大会上致辞

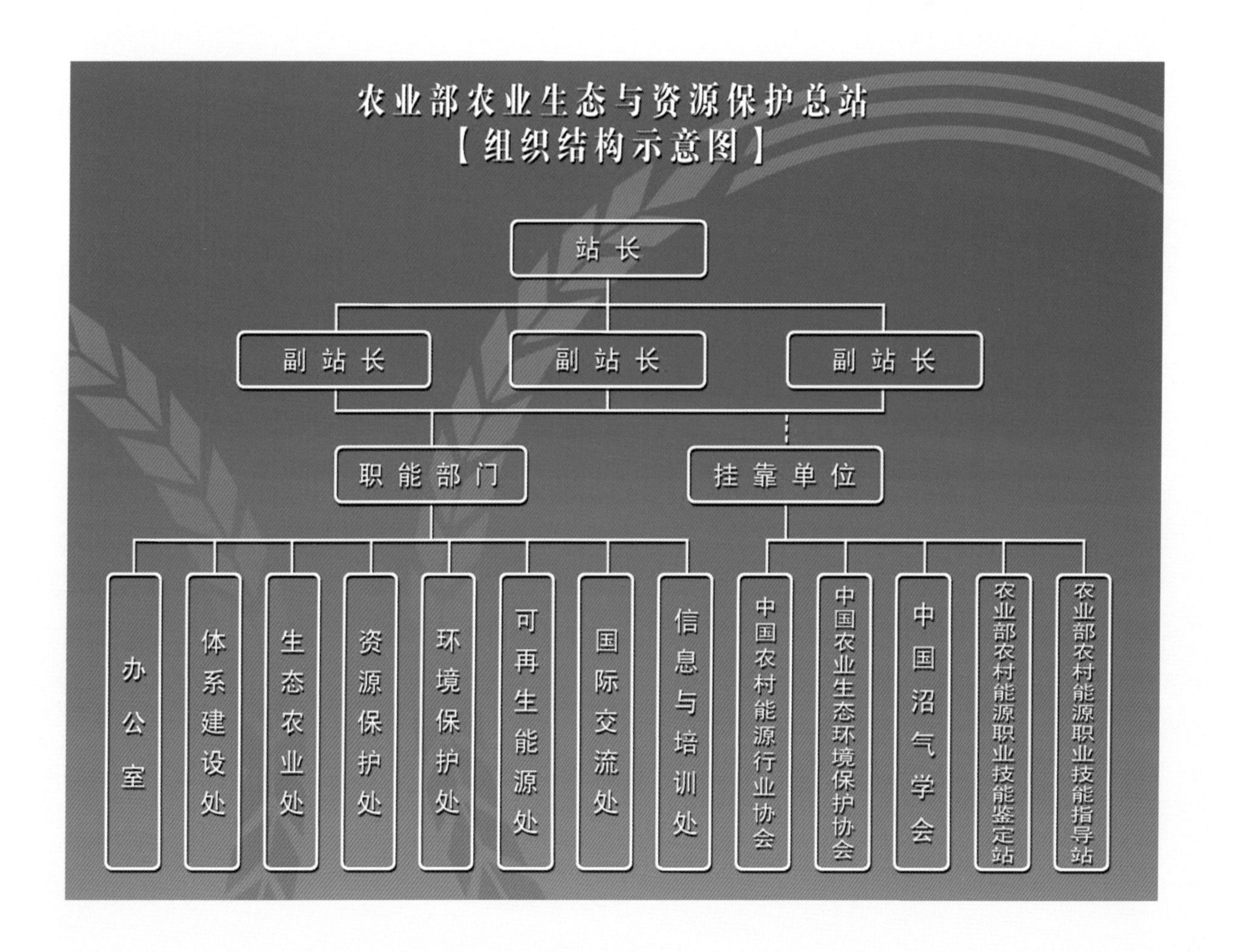

社团组织

一、中国农业生态环境保护协会

中国农业生态环境保护协会成立于1981年，是由农业生态环境保护科学技术工作者和管理工作者自愿结成的、全国性的、非营利性的、专业性社会团体。主管单位为农业部，挂靠单位为农业部农业生态与资源保护总站。协会下设农业环境管理、农业环境监测、农产品环境安全、生态农业、农业生物多样性、草地生态与畜牧环境保护6个专业委员会及渔业环境保护分会，共有97个团体会员单位及4000多个个人会员。

由中国农业生态环境保护协会举办的“2012聚焦我国农业环境问题——土壤污染修复专题研讨会”现场

中国农业生态环境保护协会以“繁荣和发展我国的农业生态环保事业”为宗旨，主要职能包括：开展学术交流、技术交流、科技咨询服务，促进科技成果转化；普及农业生态环保方面的科学知识，推广先进技术和经验；编辑出版科技刊物、专著、科普读物及其他有关科技资料；开展继续教育和技术培训工作；承担科技项目的评估、科技成果鉴定以及相关项目论证等；开展民间国际学术交流和科技合作，发展同海外农业生态环保科技团体和科技工作者的友好交往。

二、中国农村能源行业协会

中国农村能源行业协会成立于1992年，是由从事农村能源建设领域的技术开发、产品制造、工程施工、市场营销等企、事业单位、社团机构自愿组成的全国性行业社团法人组织。主管单位为农业部，挂靠单位为农业部农业生态与资源保护总站。协会目前下设有太阳能热利用、节能炉具、沼气、生物质能、小型电源、新型液体燃料6个专业委员会。现有团体会员1200多个。

2012年第六届中国节能炉具博览会河北高碑店开幕

协会的宗旨是维护全行业会员单位的合法权益和共同利益，反映企业的愿望和要求，贯彻国家政策法规，在政府部门与会员单位之间发挥桥梁和纽带作用，协助政府部门进行行业管理，实现服务于节能、可再生能源和资源综合利用为主的能源建设事业的目的。协会积极推动高技能人才培养，通过与国际机构联合培训的方式将职业技能鉴定工作引入国际合作项目，扩大了国际影响；

举办全国沼气生产工技能大赛、专业技术及行业标准宣贯培训班，广泛开展能源技术交流活动；同时参与国家有关法律、法规、政策及行业标准的制定和修订工作，主持技术鉴定和审定工作；协会1984年创刊的《农村可再生能源及生态环境动态》，月发行量已达到3000余份，为政府部门、科研院校和相关企业起到了很好的信息服务作用。

三、中国沼气学会

中国沼气学会成立于1980年，是由从事沼气研究、设计、推广、服务、教育、管理等方面的单位和个人自愿、依法成立的全国性学术团体，业务主管部门为农业部，挂靠单位为农业部农业生态与资源保护总站。协会下设沼气发酵工艺和工程技术、沼气技术经济、沼气综合利用与环境卫生、沼气产业化4个专业委员会，现有个人会员1475名，团体会员205家。

学会围绕着自身职能，积极组织开展学会会员及会员单位的学术交流，建立工作联络；承办学会会员及会员单位的展览会、学术年会等会议，广泛开展技术宣传培训与交流服务，开展国际合作与交流；参与编制农业行业标准等相关业务工作。

四、中国野生植物保护协会农业分会

中国野生植物保护协会农业分会成立于2003年10月，是由从事于农业野生植物保护管理、培植繁育、合理利用和科研教育等方面的单位和个人自愿组织、依法成立的全国性的社会团体，业务主管部门为农业部，社团登记管理机关为民政部。分会主要业务是组织开展农业野生植物保护的科学研究、学术交流、宣传教育、科学普及以及农业野生植物保护管理、培植繁育、加工利用等方面的技术咨询和服务，致力于保护和合理利用我国的野生植物资源，推动我国野生植物保护事业的发展。

中国沼气学会第八次全国会员代表大会

中国野生植物保护协会农业分会第二届会员代表大会

农业资源保护

农业野生植物是不可替代的战略性储备资源，是实现粮食安全、生态安全、农业可持续发展和农民增收的物质基础和重要保障。近些年来，在各地的共同努力下，农业野生植物保护工作取得了长足进展。

随着全球国际贸易、旅游和交通的迅速发展，外来生物入侵作为全球共同面临的问题，已引起世界各国政府、国际非政府组织以及社会公众的广泛关注和高度重视。在农业部牵头组织和协调下，各相关部门分工协作、积极采取措施，坚持“突出重点、整体推进、综合治理、注重实效”的原则，积极开展外来入侵物种防控工作，取得了显著成效。

农业野生植物保护与开发利用

农业野生植物是不可替代的战略性储备资源，是实现粮食安全、生态安全、农业可持续发展和农民增收的物质基础和重要保障。党中央、国务院领导对农业野生植物保护工作高度重视，多次做出重要批示，要求采取切实措施，保护和利用好农业野生植物资源。近些年来，在各地的共同努力下，农业野生植物保护工作取得了长足进展。

一、法律法规和政策措施不断完善

为保护野生植物资源不受破坏，我国相继出台了一系列管理和保护的法律法规，《森林法》、《草原法》、《自然保护区条例》《土地管理法》、《野生药材资源保护管理条例》等均将野生植物资源保护纳入其中。1996 年，国务院正式发布了《野生植物保护条例》，这是我国第一部专门针对野生植物保护的行政法规，对国家重点保护野生植物的采集(伐) 、出售、收购、进出口、野外考察等，均作了明确规定。1999年，国务院正式批准公布了《国家重点保护野生植物名录（第一批）》，共列植物419 种和13 类(指种以上分类等级) ，其中一级保护的67 种和4 类，二级保护的352 种和9 类。2002年，农业部发布了《农业野生植物保护办法》，将农业野生植物保护工作更加具体化。许多省份已经制定或正在制定野生植物保护管理办法，形成了较完整的野生植物保护法律法规体系。

国家及有关省份野生植物保护法律法规

序号	发布时间（年.月）	名称
		国家层面
1	1996.9	中华人民共和国野生植物保护条例
2	2001.8	国家重点保护野生植物名录（第一批）修正案
3	2002.9	农业野生植物保护办法
		地方层面
1	1985.3	吉林省野生动植物保护管理暂行条例
2	1995.6	云南省珍稀濒危植物保护管理暂行规定
3	2004.7	湖南省野生动植物资源保护条例
4	2005.6	黑龙江省野生药材资源保护条例
5	2006.9	新疆维吾尔自治区野生植物保护条例
6	2007.7	河南省野生植物保护条例
7	2008.4	江西省野生植物资源保护管理暂行办法
8	2008.12	广西壮族自治区野生植物保护办法
9	2010.1	陕西省野生植物保护条例
10	2010.9	浙江省野生植物保护办法

国家及有关省份野生植物保护名录

序号	发布时间（年.月）	名称
1	1999.8	国家重点保护野生植物名录（第一批）
2	2004.11	山西省重点保护野生植物名录
3	2005.9	江西省重点保护野生植物名录
4	2006.12	海南省重点保护野生植物名录
5	2007.8	新疆维吾尔自治区重点保护野生植物名录
6	2008.3	北京市重点保护野生植物名录
7	2008.12	青海省重点保护野生植物名录
8	2009.8	内蒙古自治区重点保护草原野生植物名录
9	2009.12	吉林省省级重点保护野生植物名录
10	2009.12	陕西省地方重点保护植物名录
11	2010.4	广西壮族自治区重点保护野生植物名录
12	2010.8	河北省重点保护野生植物名录

在加强法律法规建设的同时，农业部还组织制定了多项农业野生植物保护行业标准，为农业野生植物保护奠定了良好的技术基础。

农业野生植物保护行业标准

标准号	标准名称
NY/T 1668—2008	农业野生植物原生境保护点建设技术规范
NY/T 1669—2008	农业野生植物调查技术规范
NY/T 2216—2012	农业野生植物原生境保护点监测预警技术规程
NY/T 2217.1—2012	农业野生植物异位保存技术规程　第1部分：总则

二、农业野生植物的资源调查全面展开

自2002年开始，各省级农业环保部门对列入《国家重点保护野生植物名录》中与农业相关的物种进行普查。至2012年年底，基本查清172个农业野生植物物种的分布状况、生态环境、种群数量、资源类型和濒危程度，采集、鉴定并制作植物标本13 533份，对各物种的6878个分布点进行了GPS定位。利用网络地理信息系统（WebGIS）、全球卫星定位系统（GPS）和数据库技术为主体的现代信息技术，建立了国家级

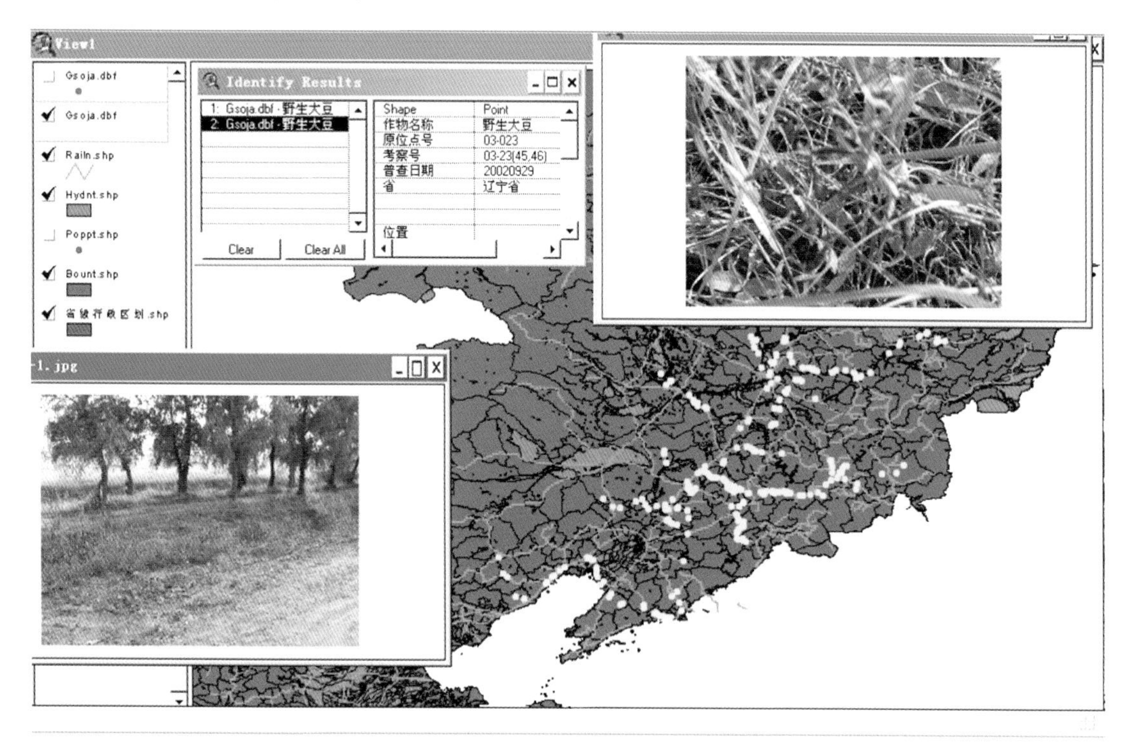

农业野生植物资源分布GPS/GIS系统

农业野生植物资源管理信息系统，实现了农业野生植物资源信息的高效动态管理。同时，各省还根据农业野生植物分布特点开展了重点地区的全面调查。

三、抢救性收集和异位保存工作进展顺利

在全面调查的基础上，抢救性收集野生稻、野生大豆、小麦野生近缘植物、野生茶树、野生苎麻、野生桑树、野生果树等重要农业野生植物资源1.5万余份（次）。同时，对所有收集的各类农业野生植物资源进行了编目和繁殖，分别进入国家种质库或种质圃实行异位保存。2012年抢救性收集农业野生植物资源1257份，其中，野生稻237份，野生大豆307份，野生苹果104份，野生李57份，野生苎麻139份，野生茶12份，野生柑橘50份，小麦野生近缘植物33份，野生兰科植物54种（221份），其他野生植物97份，挽救了部分濒临灭绝的农业野生植物资源；发现3个野生稻新分布点，18份高耐重金属污染的野生苎麻资源，风味独特且极度抗寒的乌苏里李、抗寒性较强且分布海拔达1170米的永顺枳橙等优异资源，在海南发现兰花新纪录属3个，新纪录种12个，利用国家种质资源库和种质资源圃进行了安全保存。

四、农业野生植物资源开发利用取得初步进展

利用分子标记技术，对已收集的野生稻、野生大豆和小麦野生近缘植物等资源开展了遗传多样性研究，基本形成了一套比较可行的分子身份证构建技术体系。按照作物育种与生产需求，筛选出17份抗病虫和抗逆境的野生稻、61份抗病虫和抗旱耐盐的野生大豆、11份耐盐碱、抗风沙的小麦野生近缘植物等优异资源。利用分子标记

我国首个“油菜基因资源超市”开业

2012年1月6日，我国首个“油菜基因资源超市”在湖北武汉中国农业科学院油料作物研究所阳逻基地建立。作为世界最大的油料中期种质资源库，这里保存了3万余份油料种质资源。其中，油菜种质资源8000余份。该所依据育种需求，从中精选了来自我国和世界28个国家的488份油菜遗传多样性优异基因资源，进行集中展示，供全国各油菜育种单位自主挑选，免费提供育种使用。

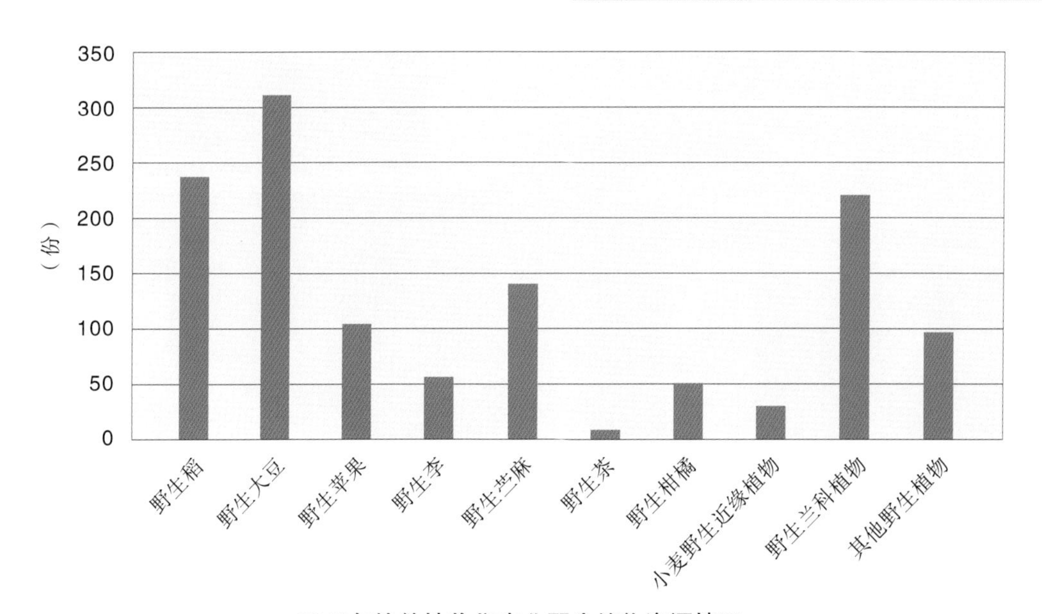

2012年抢救性收集农业野生植物资源情况

和新基因发掘技术，从野生稻中检测到4个控制飞虱抗性的基因，克隆出野生大豆抗旱耐盐基因2个、耐低温基因1个。这些珍贵的基因资源正被用于农作物育种实践。

五、原生境保护工作全面推进

农业部组织制订了《全国农业生物资源保护工程建设规划（2011—2015年》，根据该规划，对遗传多样性丰富、濒危状况比较严重的国家重点保护农业野生植物中，对粮食生产和农业可持续发展有重要影响，且具有重要开发利用价值的农业野生植物居群实施农业野生植物原生境保护。2012年，落实中央投资2663万元，新建农业野生植物原生境保护点14处，新增保护面积10 980亩。截至2012年年底，在全国27个省（自治区、直辖市）建立了163个农业野生植物原生境保护点，对野生稻、野生大豆、野生莲、野生花卉、野生中药材、野生果树等39个物种进行了有效保护。2006年开始，在全球环境基金（GEF）的资助下，农业部与联合国开发计划署（UNDP）联合开展将主流化保护方法应用于农业野生植物原生境保护的实践，在海南、云南、广西、河南、吉林、黑龙江、宁夏和新疆8个省（自治区）分别选择野生稻、野生大豆和小麦野生近缘植物的8个分布点进行保护示范点建设，截至2012年年底，完成了8个原生境保护示范点的建设任务。为及时掌握各保护点的建设情况和保护效果，农业部每年组织有关专家和管理人员对已建农业野生植物原生境保护点进行检查和重点抽查，检查结果表明，绝大部分农业野

截至2012年年底各省（自治区、直辖市）已建农业野生植物保护点规模和保护物种

省(自治区、直辖市)	保护点数	被保护目标物种
天津	2	野生大豆、野生核桃楸
河北	14	野生大豆、野生莲、野生珊瑚菜、香杏丽菇、野生核桃楸、野生猕猴桃、野生天南星
山西	1	野生大豆
辽宁	4	野生大豆、野生珊瑚菜、野生中华猕猴桃
吉林	4	野生大豆、野生海棠
黑龙江	7	野生大豆
江苏	8	野生大豆、野莲、野菱、野生茶、中华结缕草、囊花马兜铃、野生水生植物
浙江	2	野生大豆、野生金荞麦
安徽	13	野生大豆、野菱、野生金荞麦、野生苦丁茶、野生猕猴桃、野生茶树、野生兰草
福建	2	野生蔗、野生稻
江西	4	普通野生稻、野生柑橘、野生中华猕猴桃
山东	4	野生大豆、野生珊瑚菜、野菱、中华结缕草
河南	13	野生大豆、太行菊、太行花、野生金荞麦、野生穿龙薯蓣、野生中华猕猴桃、紫斑牡丹、野生兰花、野生莲
湖北	20	野生大豆、野生牡丹、野生柑橘、野生金荞麦、野生中华猕猴桃、野生莲、野生莼菜、野菱、粗梗水蕨、野生兰草、野生宜昌橙
湖南	20	野生大豆、野生莼菜、野生稻、野生柑橘、野生中华猕猴桃、中华水韭、野莲、野生金荞麦、野菱、野生兰花
广东	1	野生稻
广西	3	野生稻
海南	8	野生大豆、野生稻、野生茗子、野生荔枝
重庆	6	野生大豆、野生金荞麦、野生莼菜
四川	2	冬虫夏草
云南	14	普通野生稻、药用野生稻、野生茶、野生屏边三七、野生金荞麦、野生古茶树、野生中华猕猴桃
陕西	1	野生中华猕猴桃
甘肃	2	野生大豆、野生麻黄
青海	1	小麦野生近缘植物
宁夏	4	小麦野生近缘植物、野生黄果枸杞、野生黑果枸杞、野生蒙古扁桃
新疆	3	冬虫夏草、小麦野生近缘植物、野生苹果
合计	163	

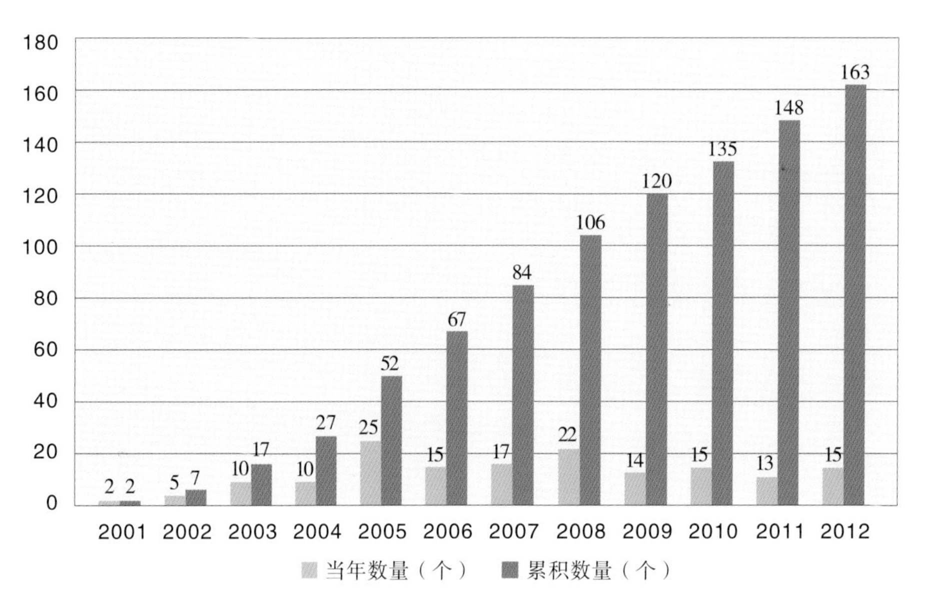

2011—2012年农业野生植物原生境保护点数量统计图

截至2012年年底已建农业野生植物保护点分布情况

注：图中数字为各省已建立原生境保护点的数量。

生植物原生境保护点建设符合相关建设标准，管理和维护到位，有效地保护了我国珍稀濒危的农业野生植物资源。

六、宣传教育效果显著

农业部除每年定期开展农业野生植物相关的知识培训和宣传活动外，还与中央电视台合作，制作了8个电视宣传片，其中3集生物多样性保护的系列宣传片《良种之战》，分别在中央电视台4、9、10等多个频道的著名栏目播放，发放光盘500套，引起了社会极大关注。组织编写了农业生物多样性培训教材，制作了宣传册、宣传画、明白纸等宣传品，并以图片和漫画等形式出版了挂历和科普读物。这些宣传品图文并茂，通俗易懂，收到了很好的宣传效果。结合中组部、农业部举办的“农村实用人才带头人”培训班，将农业生物多样性保护内容纳入该培训计划，共培训村级支部书记、村主任以及各种农民合作组织带头人5000多人次。

外来物种入侵防治及开发利用

随着全球国际贸易、旅游和交通的迅速发展，外来生物入侵作为全球共同面临的问题，已引起世界各国政府、国际非政府组织以及社会公众的广泛关注和高度重视。在农业部牵头组织和协调下，各相关部门分工协作、积极采取措施，坚持“突出重点、整体推进、综合治理、注重实效”的原则，积极开展外来入侵物种防控工作，取得了良好的成效。

一、建立组织体系和规章制度，综合防灾与应急管理水平不断提高

2003年，农业部成立外来入侵物种管理办公室和农业部外来入侵物种预防与控制研究中心，组织起草了《外来物种管理办法（草案）》、《全国外来入侵物种防治规划》，2005年发布了《农业重大有害生物及外来入侵物种突发事件应急预案》；指导地方省市修改完善了地方相关法规，如湖南省2011年发布了《湖南省外来物种管理条例》，甘肃、辽宁等6个省（直辖市）已修改完善了地方农业环境保护条例；全国27个省市发布了有关外来入侵物种管理的应急预案、18个省市成立了外来入侵物种管理办公室或建立了联席会议制度；截至目前，全国已组织启动了12次二级以上应急响应；目前全国已初步形成了一套程序化、制度化的外来物种管理组织保障体系。

外来入侵生物防治管理体系及规章制度建设历程

时间	事件
2003年10月	成立农业部外来入侵生物管理办公室（挂靠农业部科技教育司）
2003年10月	成立农业部外来入侵物种预防与控制研究中心（挂靠中国农业科学院农业环境与可持续发展研究所）
2004年9月	成立全国外来入侵生物防治协作组
2005年	发布《农业重大有害生物及外来入侵物种突发事件应急预案》
2009年4月	成立农业部农业外来入侵生物突发事件应急指挥部
2009年5月	成立农业部外来生物入侵突发事件预警与风险评估咨询委员会
2011年5月	湖南省发布《湖南省外来物种管理条例》

二、强化监测预警能力建设，初步构建了全国外来入侵物种监测预警网络体系

初步形成了以农业专家咨询组为龙头，34个省（自治区、直辖市）农业环保站为主体，276个地级站和1572个县级站为基础的国家、省、地、县外来入侵物种监测预警网络。从事监测业务的专业技术人员达8191人，管理人员2279人。近年来，通过举办各种培训班，编制科普材料，建立起了一支稳定的从事外来入侵物种管理基层队伍，连续多年开展全国外来入侵物种普查工作，全面提高了队伍的整体素质，具备全方位开展外来入侵物种监测工作的能力。

基本摸清了全国入侵物种底数，建立了529种外来入侵物种的信息数据库；开发建立35种危险外来入侵物种的快速分子检测技术；制订了40种农业重大外来入侵物种应急防控技术指南；发布了17项外来入侵物种监测、评估、防控行业技术规范；初步形成从中央、省、地、县监测体系，近年来强化对沿海、沿边及生态脆弱地区外来物种监测频度和资金支持力度，如技术指导和资金支持云南德宏等9个州（市）39个县建立薇甘菊监测点418个，在贵州黔西南州境内的镇胜高速、关兴高速、国道320、国道324等公路沿线两侧各500米，建立紫茎泽兰防控阻截带10条，有效控制了薇甘菊、紫茎泽兰等外来入侵物种的扩散蔓延。2012年，对银胶菊、长芒苋、刺苍耳等入侵生物跟踪监控，对其扩散趋势进行分析，及时发出预测预警信息。在内蒙古、湖北等地建立外来入侵生物监测预警站点，加强监查和测报工作。

外来入侵物种监测、评估、防控行业标准

序号	标准号	标准名称
1	NY/T 1705—2009	外来昆虫风险分析技术规程 椰心叶甲
2	NY/T 1706—2009	外来昆虫风险分析技术规程 红棕象甲
3	NY/T 1707—2009	外来植物风险分析技术规程 飞机草
4	NY/T 1850—2010	外来昆虫引入风险评估技术规范
5	NY/T 1851—2010	外来草本植物引入风险评估技术规范
6	NY/T 1861—2010	外来草本植物普查技术规程
7	NY/T 1862—2010	外来入侵植物监测技术规程 加拿大一枝黄花
8	NY/T 1863—2010	外来入侵植物监测技术规程 飞机草
9	NY/T 1864—2010	外来入侵植物监测技术规程 紫茎泽兰
10	NY/T 1865—2010	外来入侵植物监测技术规程 薇甘菊
11	NY/T 1866—2010	外来入侵植物监测技术规程 黄顶菊
12	NY/T 2151—2012	薇甘菊综合防治技术规程
13	NY/T 2152—2012	福寿螺综合防治技术规程
14	NY/T 2153—2012	空心莲子草综合防治技术规程
15	NY/T 2154—2012	紫茎泽兰综合防治技术规程
16	NY/T 2155—2012	外来入侵杂草根除指南

三、开展外来入侵物种灭毒除害行动，有效遏制了重大恶性外来入侵物种的蔓延危害

自2003年起，按照“广泛发动、防除并举、突出重点、注重实效”的方针，组织开展“全国十省百县”等灭毒除害行动，2006年扩展到全国22个省（自治区、直辖市）600多个县（市）分别开展了以豚草、水花生等20种外来入侵物种为重点的集中灭除，动员人员4272多万人次，累计铲除（防治）外来入侵物种面积达

2011年云南德宏薇甘菊现场灭除活动

外来入侵集中灭除活动一览表

时间	主要集中灭除活动
2003年	“一省五县”灭毒除害试点行动：在辽宁省铲除豚草，云南省开远市、腾冲县及四川省西昌市、宁南县和攀枝花市仁和区开展铲除紫茎泽兰活动
2004年	“十省百县”灭毒除害试点行动：在北京、辽宁、山东、江苏、安徽、江西、湖北、重庆、四川和云南10个省（直辖市）的100个县铲除豚草、紫茎泽兰、水花生、少花蒺藜草和西花蓟马等外来入侵生物
2005年	“十省百县”灭毒除害行动：北京、辽宁、浙江、安徽、湖北、湖南、贵州、重庆、四川、云南、广东等省（直辖市）的100个县铲除紫茎泽兰、豚草、水花生、一枝黄花、福寿螺、红火蚁等外来入侵生物
2006年	“十省百县”灭毒除害行动：北京、河北、云南、贵州等10个省（直辖市）的100个县，铲除紫茎泽兰、水花生、加拿大一枝黄花、豚草、黄顶菊、少花蒺藜草、福寿螺等外来入侵生物 海南省螺旋粉虱应急防治大行动
2007年	“十省百县”灭毒除害行动：安徽、湖南、湖北、海南、辽宁等10省100县灭除紫茎泽兰、水花生、加拿大一枝黄花、黄顶菊、福寿螺等外来入侵生物 河北省黄顶菊应急防治行动 安徽省铲除水花生应急行动
2008年	辽宁省铲除外来入侵植物刺萼龙葵大行动 云南省“铲除薇甘菊，保护我家园”防控行动

（续）

时间	主要集中灭除活动
2009年	湖北洪湖水花生应急防除行动 云南德宏薇甘菊灭除行动
2010年	贵州黔西南州紫茎泽兰应急防控行动 湖南浏阳福寿螺应急灭除行动
2011年	四川新津县福寿螺现场灭除活动 云南德宏州薇甘菊现场灭除活动 贵州安顺市紫茎泽兰现场灭除活动
2012年	江西新余水花生现场灭除活动 湖北咸宁水花生现场灭除活动 吉林白城刺萼龙葵现场灭除活动

到8600多万亩次，重点区域铲除（防治）率达到75%以上，有效控制了外来入侵物种的扩散和蔓延。

2012年组织16个省份针对刺萼龙葵、水花生、水葫芦等10余种重大危险农业外来入侵生物开展灭毒除害行动，累计防治（铲除）外来入侵生物960多万亩。在江西、湖北和吉林组织召开了全国外来入侵生物集中灭除行动，并启动了水花生、水葫芦、刺萼龙葵等入侵生物应急防控行动，落实应急灭除经费932万元。

四、加强综合防控技术研究，拓宽外来物种治理新思路

启动了一批外来入侵物种防治公益性行业科研专项，开展外来入侵物种的化学、生物、替代防治技术研究与示范，已经开发出低容量喷雾、静电超低量喷雾等高效施药技术，筛选研制了利用牧草、灌木、农作物等替代入侵植物生态调控技术，已取得较好的经济、生态、环境效果。在生物防治方面筛选出了椰心叶甲天敌——椰心叶甲啮小蜂和椰扁甲姬小蜂，控制效果达到85%以上，在海南建立4个椰心叶甲天敌工厂，寄生蜂日生产规模达到200万头，累计生产28亿头，防治面积达150万亩。同时外来入侵物种变废为宝、化害为利技术攻关取得阶段性成果。

五、强化宣传培训，防范外来物种入侵能力不断提高

利用广播、电视、报刊、网络等多种媒体，开展了外来入侵物种防治技术与管理宣传工作，先后出版《农业外来入侵物种知识100问》、《海南省主要外来入侵物种防治

2012年8月外来入侵生物水花生灭除发动

2012年8月23日，农业部、共青团中央在江西新余联合召开全国农业外来入侵生物防治与宣传现场会

技术》、《农业重大外来入侵物种应急防控技术指南》等材料20多万册。连续举办了4届全国外来入侵物种应急管理培训班。近年来，共派出50多人次，赴美国、澳大利亚、日本、欧洲等地考察学习先进国家的外来入侵物种管理经验，2005年9月，农业部与美国国务院在北京联合举办“亚太经合组织（APEC）外来入侵物种防治研讨会”，进一步推动了国际上联合行动预防和减轻外来入侵物种的危害。

农业湿地保护及科学利用

农业湿地保护与利用是我国建设生态文明的重要组成部分。我国拥有丰富的湿地资源，为有效保护和合理利用湿地资源，1992年，我国加入了《关于特别是作为水禽栖息地的国际重要湿地公约》（简称《湿地公约》或《拉姆萨尔公约》），截至2012年，我国共有41个湿地被列入《国际重要湿地名录》。《草原法》、《渔业法》、《农业野生植物保护办法》中都明确要求加强湿地保护。

近些年来，国家先后组织开展农业湿地保护工程建设，进行湿地保护、湿地恢复和湿地可持续利用示范，建立了野生稻、中华水韭、野生莲等多个国家级农业野生植物原生境保护点和野生大鲵、中华鲟等水生野生动物保护区，使一批珍稀的农业生物资源得到了有效保护。在环洞庭湖区建立了10处国家级农牧渔业综合利用示范区，在天津黄庄洼等地建立了40处农牧渔业湿地管护区，在珠江三角洲和长江三角洲建立了2处南方人工湿地高效生态模式研究示范区，在北海等海水养殖开发区域建立了3处滨海湿地养殖优化和生态养殖工程。在2007年全国第一次农业污染源普查的基础上，设立定位监测点，初步掌握了太湖、巢湖、洞庭湖、滇池、三峡库区等重点农业湿地区域的农业面源污染底数和变化趋势，建立了农业面源污染综合防治示范区，使我国的农业湿地保护和合理利用进入良性循环。

农业环境保护

农业生态环境是农业可持续发展的前提条件。近年来，面对资源约束趋紧、环境污染严重、生态系统退化的严峻形势，各级农业部门不断加大农业环境和生态保护力度，在农业环保法律法规和标准制定、农业面源污染防控、农产品产地环境保护、农村清洁工程建设、农业清洁生产技术示范以及农业应对气候变化与温室气体减排等方面开展了大量卓有成效的工作，取得了显著进展。

农业环境保护政策法规

我国颁布的《农业法》、《农产品质量安全法》、《水污染防治法》、《基本农田保护条例》等法律法规均对耕地土壤保护做出相关规定。2006年，为贯彻落实《农产品质量安全法》，农业部颁布了《农产品产地安全管理办法》，对农产品产地环境监测、预警和土壤污染防治做出了明确规定。在地方层面，目前全国已有24个省（自治区、直辖市）颁布了《农业生态环境保护条例》或《农业生态环境保护管理办法》等地方性法规，20个省（自治区、直辖市）已正式颁布了本省农业环境污染突发事件应急预案，明确了农业部门对农业面源污染防治、农产品产地安全管理、农业环境污染事故调查处理、农业环境影响评价等职能。

在操作层面，截至2012年年底，由农业部组织制定了相关的国家和行业标准122项，其中国家标准50项、行业标准72项，主要包括农业环境技术规范类标准、污染物限量标准、无公害农产品产地技术条件标准及其他相关标准，为农产品产地土壤环境保护和农产品产地环境监管奠定了基础。

农业面源污染防控

一、完善农业面源污染监测防控标准体系

由中国农业科学院农业资源与农业区划研究所牵头起草的《农田地表径流面源污染监测技术规范　氮磷》和《农田地下淋溶面源污染监测技术规范　氮》两项农业行业标准已编制完成并通过审定。这两项标准能够保证农田地表径流和地下淋溶氮磷面源污染监测的规范性和准确性，可为农田面源污染科学监测方案实施提供技术支撑，有助于加快和规范全国农田面源污染监测网的建设，也进一步补充、完善了我国农业面源污染监测防控的标准体系。

二、开展全国农业污染源调查工作

在2012年度全国农业面源污染调查工作中，共完成全国31个省（自治区、直辖市）（含计划单列市）农业资源环境保护部门上报数据的汇总统计工作，涉及种植业源、畜禽养殖业源、水产养殖业源和重点流域农村生活源。在全面普查基础上，筛选典型种植地块17 740个、畜禽养殖单元7035个以及农村生活源自然村170个。更新第一次全国污染源普查农业源种植业源流失系数、畜禽养殖业源排放系数和重点流域农村生活源排放系数，完成2012年全国农业源主要污染排放（流失）量的计算工作。

三、筹建全国农业面源污染国控监测网

组织力量编制了《2012年度全国农业面源污染调查方案》和《农田面源污染监测技术规范（初稿）》。依据全国六大监测分区的农作物种类、种植模式、种植面积、农田面源污染的主要发生途径以及发生风险，拟在全国布设农田面源污染国控监测点218个和农田地膜残留污染监测

点210个，进一步完善了全国农业面源污染例行监测制度。

四、开展农业面源污染监测和防治

依托2010公益性行业(农业)科研专项——“主要农区农业面源污染监测预警与氮磷投入阈值研究”项目，在全国六大分区布设农田面源污染监测试验点44个，涉及水田、水旱轮作、旱地、保护地蔬菜等35种种植模式；布设地膜残留污染调查点415个，地膜残留系数定位监测试验点79个，地膜残留影响因素试验点10个。基本摸清了我国主要农区农田面源污染状况与面源污染发生的主要影响因素，提出了种植业源氮磷流失系数，基本掌握了地膜残留量及主要影响因素。

农产品产地环境保护

一、农产品产地环境保护相关法律法规和标准

（一）农产品产地环境保护相关法律法规

目前，我国已经基本形成了农产品产地环境保护的法律法规体系，《农业法》、《环境保护法》、《水污染防治法》等赋予农业部门关于农业、农产品产地生态环境污染事故调查、处理的相关职能；《农业法》、《水污染防治法实施细则》、《基本农田保护条例》、《全国环境监测管理条例》、《全国农业环境监测工作条例》（试行）等法律法规赋予了农业部门农产品产地

农业面源地表径流监测培训

农业面源地表径流收集装置

种植业面源污染防治

生态沟渠

环境监测、评价的职能。《中华人民共和国农产品质量安全法》和《农产品产地安全管理办法》提出了农产品产地安全管理与禁止生产区的划分。目前全国已有24个省（自治区、直辖市）颁布实施了《农业环境保护条例（或办法）》，近200个县颁布了《农业环境管理办法》，均有相关农产品产地环境保护管理的相关条文。

（二）农产品产地环境保护相关标准

截至2012年，由农业部归口或由农业部相关单位编制、修订的农产品产地保护相关标准共计63项，其中，2012年立项2项。在已颁布的61项标准中，按照标准等级分类，其中，国家标准10项，农业行业标准51项；按照标准内容分，其中，方法标准涉及农田土壤监测、农用水源监测、农区环境空气监测、农畜禽场环境监测、水产品监测以及基本农田保护、农业环境污染事故评估、农田污染区登记、产地环境评价、畜禽粪便安全使用等17项；水稻、玉米、小麦、蔬菜、苹果、茶叶、大豆、油菜、烟草、葡萄、京白梨、花生以及设施蔬菜、林果类产品、大田作物、热带水果等无公害食品或绿色食品产地环境技术条件标准34项；污泥农用控制标准、畜禽饮用水质、畜禽场环境质量、再生水农业回用等环境质量标准10项。

二、农产品产地土壤重金属污染修复

2012年，农业部在天津、河北、辽宁、安徽、湖北、湖南、广东、广西、云南9地开展农产品产地土壤重金属污染修复示范，示范总面积3万亩。示范内容主要包括：土壤置换方法、添加有机混合重金属钝化添加剂和阻抗剂固定土壤重金属、混合淋洗法以及配套生物修复措施等。

依托公益性行业（农业）科研专项“大宗农作物产地污染物阻控关键技术研究与示范”在黏土矿物、生物碳等土壤重金属钝化修复剂研制、水稻镉低积累作物筛选、蔬菜低积累作物筛选、土壤重金属高富集作物筛选培育以及农艺措施调整等方面开展了大量系统研究，建立了天津、广西、江苏、湖南、北京、山东6个水稻和蔬菜产地土壤重金属污染修复示范基地。

三、农产品产地禁止生产区划分示范

2012年，农业部在天津、辽宁、湖北和湖南4区选择水稻、小麦、玉米、蔬菜等大宗农产品产地典型污染区域建立试点，开展农产品禁止生产区划分示范。4区农产品产地禁止生产区示范点1万亩，在示范区内筛选高抗性作物品种，对禁止生产区进行种植结构调整，探索禁产区补偿机制和方法等。

四、全面部署《农产品产地土壤重金属污染防治实施方案》

2012年农业部成立了农产品产地土壤重金属污染防治专家组，编制了《农产品产地土壤重金属污染防治实施管理办法》、《落实〈农产品产地土壤重金属污染防治实施方案〉2012—2015年工作安排》和《〈农产品产地土壤重金属污染防治实

农产品产地土壤重金属污染防治实施方案

2012年，农业部和财政部联合下发了“农产品产地土壤重金属污染防治实施方案（农科教发〔2012〕3号）”，拟完善农产品产地土壤环境质量档案，建立农产品产地分级管理制度，建立农产品产地土壤重金属污染监测预警机制，做到农产品产地重金属污染早发现、早处置，防止农产品污染；开展农产品产地重金属污染治理修复示范，建立农产品产地重金属污染治理修复示范区9处，示范面积3万亩；开展农产品产地禁产区划分试点，试点面积1万亩，建立禁产区补偿机制，科学指导农业结构调整，保障农产品质量安全。

施方案〉总体技术规定》三个纲领性文件，对该项工作做出全面安排与部署。

农村清洁工程

为推动我国社会主义新农村建设，从根本上解决农业废弃物资源浪费严重、农村环境脏乱差的问题，自2005年起，按照“先行试点、总结经验、逐步推广”的原则，农业部在湖南、四川、重庆、河北等省（直辖市）率先开展了农村清洁工程试点。各地也积极总结模式、技术及经验，以点带面，试点示范规模不断扩大。

2012年，农业部继续在北京、天津、河北、山西、内蒙古、辽宁、吉林、黑龙江、江苏、安徽、江西、山东、河南、湖北、湖南、重庆、四川、贵州、云南、西藏、甘肃、宁夏和新疆等24个省（自治区、直辖市）及计划单列市开展了农村清洁工程示范，示范村庄137个，覆盖农户24 100户。

通过农村清洁工程建设，取得了显著成效：

家园清洁工程：主要包括管网建设，农村改水、改厨、改厕、改圈配套设施，生活污水处理利用池，分户生活垃圾收集设备，生态庭院等。截至2012年年底，全国各地区示范村配备户用垃圾分类收集箱或垃圾桶48 622个，实施建设改水、改厨、改厕配套示范户和生态庭院建设17 977户，修建家园户用沼气池或联户厌氧发酵池14 863个，容积142 660立方米；修建家园生活污水收集池或处理池14 661个，容积93 479立方米；修建生活垃圾收集池2707个，容积6045立方米；修建户用污水排放管道或户污水排放沟等277 068.8米；配套安装太阳能路灯683盏，太阳能热水器1845个。

田园清洁工程：主要包括农田废弃物收集池、生态拦截沟、农村废弃物发酵处理池修建以及太阳能杀虫灯配备等。截至2012年年底，

农村清洁工程

农村清洁工程是针对农村生活环境脏、乱、差，农业环境污染问题突出以及资源浪费严重等状况，以村为建设单元，以“减量化、再利用、再循环”的清洁生产理念为指导，通过建立清洁的生产和生活方式，资源化利用粪便、污水、垃圾、秸秆等生产、生活废弃物，把“三废”（畜禽粪便、作物秸秆、生活垃圾和污水）变“三料”（肥料、燃料、饲料），产生“三益”（生态效益、经济效益、社会效益），以“三节”（节水、节能、节肥）促“三净”（净化田园、净化家园、净化水源），实现“生产发展、生活宽裕、生态良性循环”的目标。

全国各地区示范村推广测土配方施肥面积或建设无公害农作物生产基地或开展秸秆还田和病虫害综合防治等18 051亩；修建农田废弃物发酵处理池3360个，容积29 590.5立方米；修建农田废弃物收集池或收集箱5871个，容积15 314.5 立方米；修建农田毒饵站948个，修建生态拦截沟27 349.5米，配备太阳能杀虫灯或频振式杀虫灯2708盏。

农村公共建设工程：主要包括农村物业服务站建设、无机垃圾中转设施、村容整治与绿化美化等。截至2012年年底，全国各地区示范村共修建公共废弃物收集池567个，修建公共污水处理池或净化池269个，修建公共污水收集管道或污水收集管网98 785.01米，修建垃圾中转站、垃

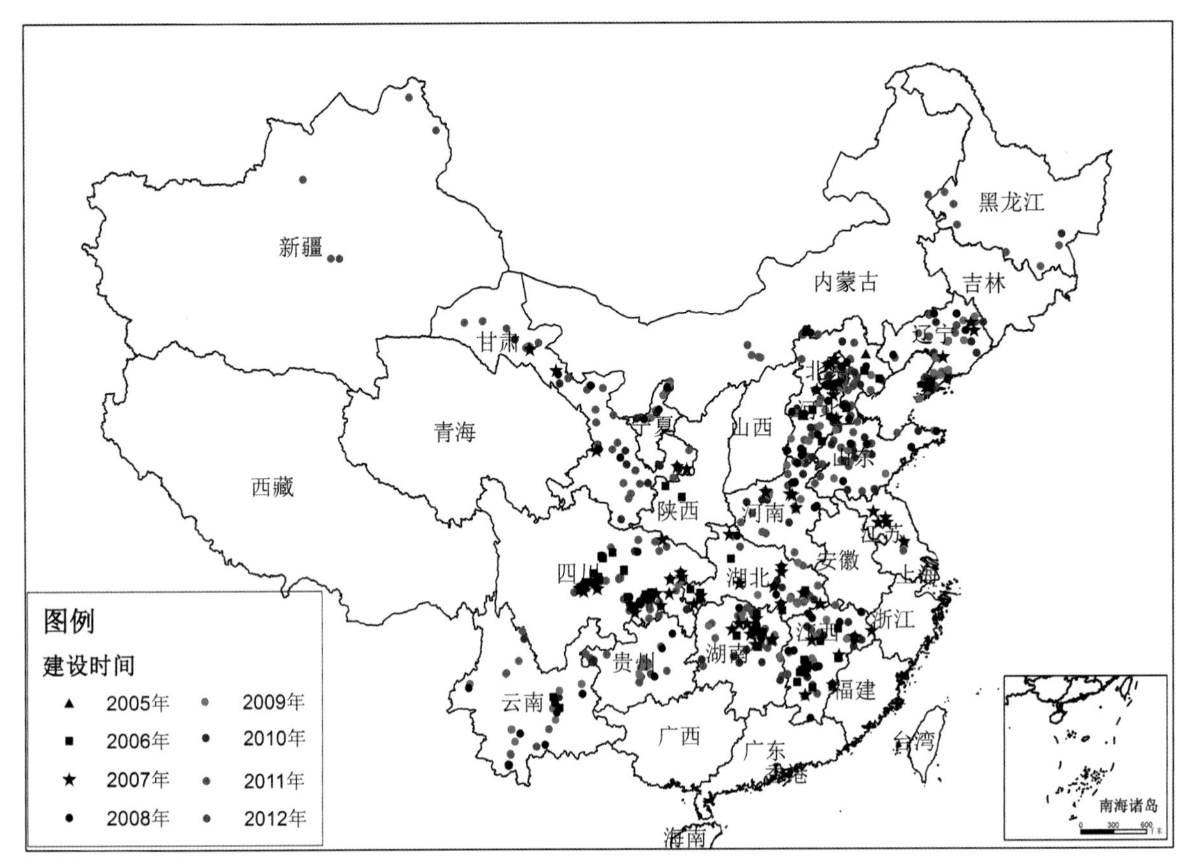

农业部农村清洁工程示范村分布图（2005—2012）

湖南省把农村清洁工程写入省委1号文件，安排资金2000多万元；甘肃省要求新农村建设点必须要有农村清洁工程内容，并作为一把手工程来抓，成为政府重视、农民欢迎的亮点工程。

湖南赫山区农业清洁生产示范点

湖南省农村清洁工程

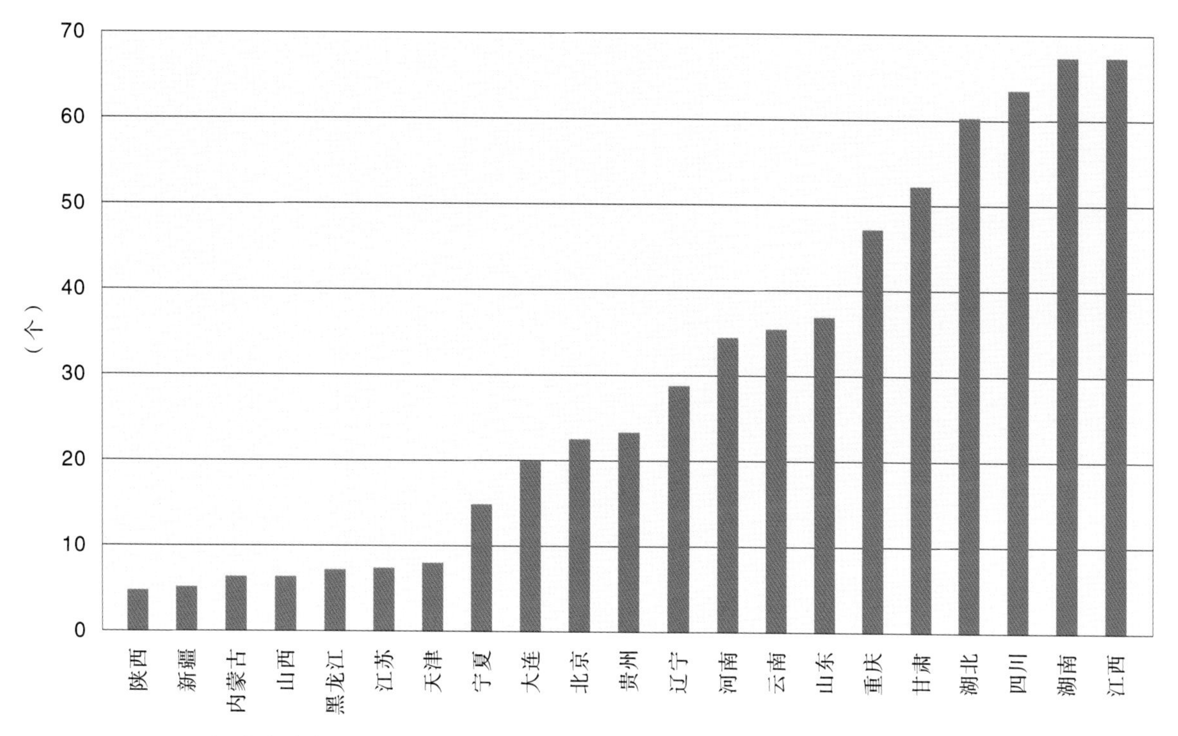

部分省（自治区、直辖市）及计划单列市农村清洁工程示范村个数

圾填埋场等808个，配备公共垃圾收集箱或垃圾桶13 365个，配备垃圾清运车或相关垃圾清运设备13 365台/套；修建农村物业服务站、综合物业管理站、文化站等161个；硬化或绿化村内道路423 194.9米；修建村级大型沼气池316个，沼气池容积11 270立方米；修建村内公共饮用水管网或管道196 728米；种植绿化树46 265株。

农业清洁生产示范

为贯彻落实《中华人民共和国清洁生产促

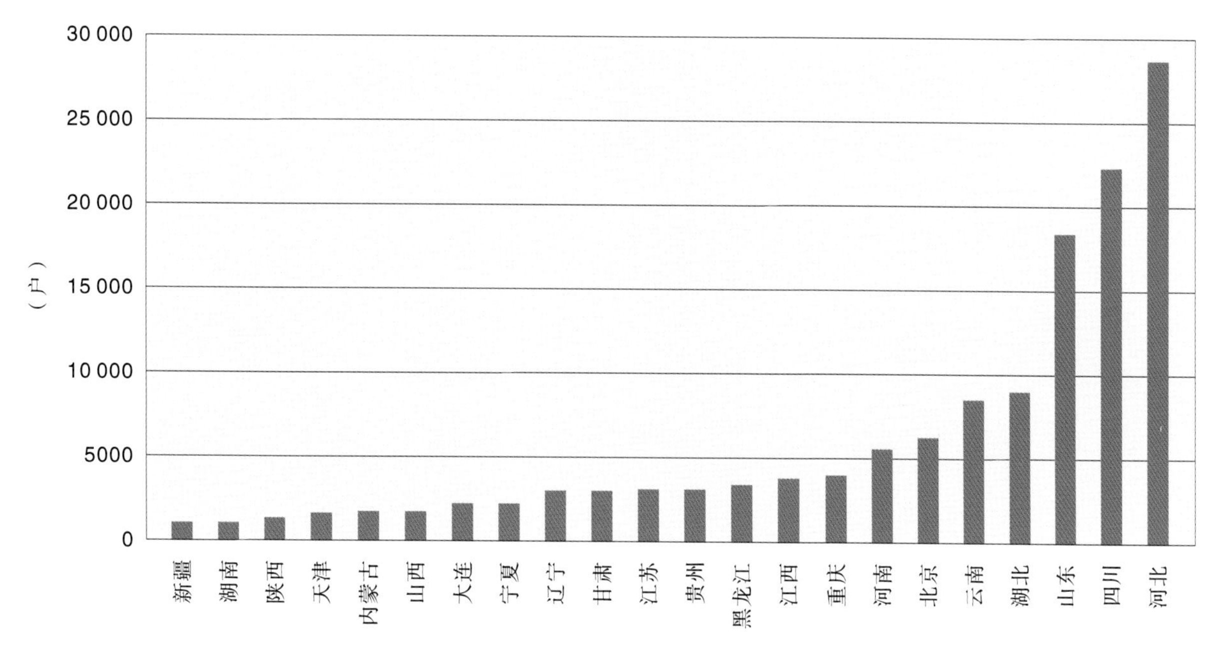

2012年部分省（自治区、直辖市）及计划单列市农村清洁工程覆盖户数

进法》，切实推进农业清洁生产，转变农业发展方式，与促进农业农村经济可持续发展，2012年国家发展与改革委员会、农业部和财政部首次联合启动了农业清洁生产示范项目建设，围绕蔬菜清洁生产、生猪清洁养殖、地膜回收利用，中央投资1.5亿元，地方配套8275万元，在全国8个省（自治区）的71个县（市、区）组织实施了农业清洁生产示范项目，逐步建立高效清洁的农业生产方式。其中，蔬菜清洁生产涉及河北省、山东省和广西壮族自治区3省（自治区）的28个县，生猪清洁养殖涉及河南省、四川省和湖南省3省的16个县，地膜回收利用涉及新疆维吾尔自治区和甘肃省两省（自治区）的27个县。

甘肃省地膜回收机械

甘肃省从农田残膜回收与资源化从市场化的环节入手，通过设立省级财政专项资金，扶持建设一批废旧地膜回收加工企业及回收网点，配套完善相关的税收调节政策和监管措施等，理顺了废旧农膜回收利用工作的基本思路。截至2012年年底，全省已建和正在建设的各类农田残膜回收加工企业150多家，乡、村回收站点近2000个，2012年全省农田残膜回收利用8.7万吨，回收利用率达到了66.9%，农田“白色污染”初步得到遏制，农村生态环境逐步得到了改善。

蔬菜清洁生产示范基地

《中华人民共和国清洁生产促进法》

为促进清洁生产，提高资源利用效率，减少和避免污染物的产生，保护和改善环境，保障人体健康，促进经济与社会可持续发展，2002年6月29日九届全国人大常委会第28次会议通过了《中华人民共和国清洁生产促进法》；2012年2月29日十一届全国人大常委会第25次会议《关于修改〈中华人民共和国清洁生产促进法〉的决定》对《中华人民共和国清洁生产促进法》进行了修正，修订后的《中华人民共和国清洁生产促进法》分总则、清洁生产的推行、清洁生产的实施、鼓励措施、法律责任、附则6章40条，自2012年7月1日起施行。

农业应对气候变化

农业是易受气候变化影响的产业，同时农业活动也导致了大量的温室气体排放，农业也是气候变化国际谈判的热点领域。农业部非常重视农业部门应对气候变化的科研、政策制定和谈判工作，取得了显著成效。组织专家实施了一系列的与气候变化相关的农业项目，主要包括“气候变化对农业生产的影响及应对技术研究”、“农业源温室气体监测与控制技术研究”、“主要畜禽低碳养殖及节能减排关键技术研究与示范”等行业科技项目。组织实施了清洁发展基金项目“农业领域温室气体减排碳交易方法学研究与开发”、“我国农业领域适应气候变化技术清单与研发部署研究”、“应对气候变化农业行动方案”等。连续8年资助开展“气候变化框架公约和京都议定书”履约谈判应对方案研究，有力地支持了我国的气候变化对外谈判工作。负责《联合国气候变化框架公约》下的农业行业减排、适应气候变化两个重要议题的谈判工作，是“全球农业温室气体研究联盟”的牵头单位，组织参加“全球农业温室气体研究联盟”理事会会议和相关谈判，跟踪其他与气候变化相关问题的进展。组织编制《应对气候变化农业行动方案》，增强农业部门应对气候变化和极端气候灾害的能力，控制农业源温室气体排放，保证农业的可持续发展和粮食安全。

温室气体排放监测

臭氧层消耗物质淘汰

我国于1991年6月14日加入了1989年1月1日生效的《蒙特利尔议定书》，该议定书规定了各签约国限制受控物质——最初为5种氯氟烃（CFCs）和3种哈龙（Halon）的生产和消费所必须采取的步骤。截至目前共有197个缔约方签署了该公约。1992年的《哥本哈根修正案》将甲基溴列为受控物质，生效日期为1994年6月14日，我国于2003年4月22日加入该修正案。从2009年开始，我国着手开展了生姜、草莓、番茄、黄瓜等作物上甲基溴淘汰工作，先后进行了抗性品种、嫁接、阿维菌素、氯化苦、棉隆、威百亩、氰氨化钙、有机肥等一系列替代技术和病虫害的综合防治技术研究和推广工作。2012年，我国启动了生姜种植甲基溴必要豁免申请准备工作。

土壤消毒与不消毒对比效果（山东安丘）

联合国替代品示范对比效果（山东安丘）

农村能源建设

近年来，在党中央、国务院的高度重视下，各级农村能源管理部门努力工作，农村能源管理机制不断创新、政策法规日益完善、推广体系逐步健全，全国农村可再生能源建设得到平稳、快速发展，取得了显著的经济、社会和生态环境效益，受到了社会各界的广泛关注和农民群众普遍欢迎，成为发展现代农业、建设社会主义新农村和创建美丽乡村的重要抓手。

农村能源发展状况

一、政策法规

党中央、国务院始终高度重视农村可再生能源建设。自2004年起，每年中央1号文件都对发展农村可再生能源提出明确要求，逐步形成以沼气为主的农村可再生能源政策体系。2012年，农业部、发改委、财政部等部门相继出台了14项政策法规，明确要求：加强农村能源建设，大力发展沼气、农作物秸秆等生物质能源。

国家及有关省份农村能源相关法律法规

序号	发布时间	名称
		国家层面
1	1997.11	中华人民共和国节约能源法
2	2005.2	中华人民共和国可再生能源法
3	2008.8	中华人民共和国循环经济促进法
		地方层面
1	1997.4	河北省新能源开发利用管理条例
2	1998.8	安徽省农村能源建设与管理条例
3	1998.9	甘肃省农村能源建设管理条例
4	2001.5	广西壮族自治区农村能源建设与管理条例
5	2005.11	湖南省农村可再生能源条例
6	2007.11	山东省农村可再生能源条例
7	2008.1	黑龙江省农村可再生能源开发利用条例
8	2010.7	湖北省农村可再生能源条例
9	2010.11	四川省农村能源条例
10	2012.5	浙江省可再生能源开发利用促进条例

2012年农村沼气政策法规明细

序号	名称
1	“十二五”国家战略性新兴产业发展规划（国发〔2012〕28号）
2	节能减排“十二五”规划（国发〔2012〕40号）
3	生物质产业发展规划（国发〔2012〕65号）
4	“十二五”农业与农村科技发展规划
5	生物质能源科技发展“十二五”重点专项规划（科技部）
6	可再生能源“十二五”发展规划（能源局）
7	可再生能源电价附加有关会计处理规定（国发〔2012〕28号）
8	可再生能源发展基金征收使用管理暂行办法（财综〔2011〕115号）
9	可再生能源电价附加补助资金管理暂行办法（财建〔2012〕102号）
10	循环经济发展专项资金管理暂行办法（财建〔2012〕616号）
11	战略性新兴产业发展专项资金管理暂行办法（财建〔2012〕1111号）
12	可再生能源电力配额管理办法（国家能源局2012）
13	中国清洁发展机制基金有偿使用管理办法（发改气候〔2012〕3406号）
14	中国清洁发展机制基金赠款项目管理办法（发改气候〔2012〕3407号）

二、产业发展

农村能源产业健康发展，企业数量已达6306个、从业人员15.27万人、总产值331.69亿元。其中：沼气企业数量3103个、从业人员3.1万人、总产值75.87亿元；节能炉灶炕企业数量566个、从业人员8714人、总产值9.37亿元；太阳能热利用企业数量2417个、从业人员10.3万人、总产值226.2亿元；生物质能（不含沼气）利用企业数量220个、从业人员1.01万人、总产值20.25亿元。

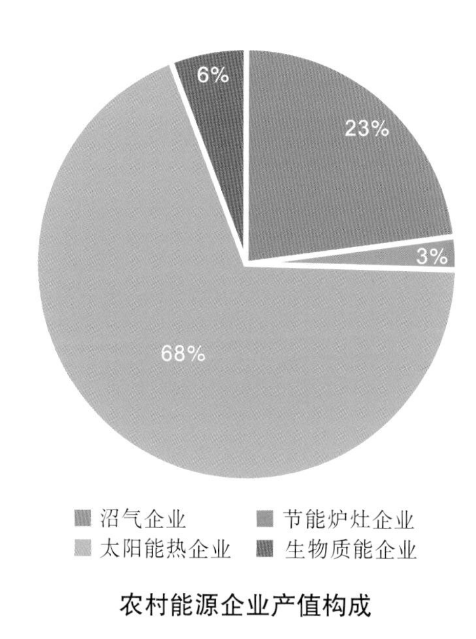

农村能源企业产值构成

三、标准建设

近年来，农村能源标准化工作紧密结合发展现代农业、循环农业、推进社会主义新农村建设、推进农业和农村节能减排，不断健全农村能源标准体系，加强前期研究、项目储备和标准制修订的过程管理，加大宣传贯彻力度，扩大国际交流，为农村能源事业健康发展提供了有力的技术支撑，取得较大进展，成效显著。

（一）健全农村能源标准体系

通过加强基础研究，不断开展技术创新，农村能源标准不断完善，标准体系基本形成。编制完成了《农村可再生能源标准体系表》和《沼气行业标准体系表》。

截至2012年年底，由农业部归口编制、修订和管理的农村可再生能源标准项目共计149项，颁布实施104项。在已经颁布实施的104个标准项目中，国家标准17项，农业行业标准87项。按照专业分类，其中：农村沼气标准37项，生物质能标准22项，太阳能标准18项，农村节能标准10项，微水电标准9项，小风电标准2项，新型液体燃料标准6项。

（二）积极推进标准宣传落实

组织开展多种形式的宣传贯彻活动，充分发挥农村能源标准在技术准则、技术指南和技术保障方面的基础性作用。

制订相关规划　主要包括：《农村可再生能源开发与综合利用标准发展规划（2005—2007）》、《农村能源行业资源节约与综合利用标准规划（2008—2010）》和《农村能源标准体系规划（2009—2011）》等一系列农村能源标准化发展计划、规划。

开展农村能源标准宣传贯彻和技术培训　编印了《畜禽养殖场沼气工程标准汇编》和《农村能源常用标准汇编》。举办了沼气标准、生物质固体成型燃料标准等一系列农村能源标准的宣贯培训，取得了良好效果。

加大推进力度　结合项目建设选择工作基础好的地方，开展农村能源标准化示范建设试点；组织开展农村能源产品及设备质量监督检验测试机构的调查评估。

（三）不断扩大国际交流合作

成立了国际标准化组织沼气技术委员会（ISO/TC 255），牵头开展沼气标准国际合作，并于2012年组织召开了第一次会议。目前，已经有中国、德国、加拿大、法国等32个国家加入了TC 255。结合国际合作项目，进行了国内外农村可再生能源标准的对比分析研究，完成了《中国可再生能源标准评估报告》、《质量检测中心评估和改进对策报告》。

农村沼气

一、农村沼气发展新思路

2012年12月，全国农村沼气工作会议上提出了今后农村沼气发展的新思路。在尊重农民意愿和需求的前提下，重点在丘陵山区、老少边穷和集中供气无法覆盖的地区，因地制宜发展户用沼气，鼓励采用新材料、新产品、新工艺；加强为户用沼气服务的乡村服务网点建设，通过建立沼气和沼肥产品补贴制度，支持企业参与农村沼气的后续服务，提高服务水平和盈利能力。

在农户集中居住、新农村建设等地区，建设村级沼气集中供气站，实行业主经营、市场化运作、产业化发展。现有的大中型沼气工程，要打破沼气工程与养殖场或养殖小区、发酵原料与畜禽粪便的“两个捆绑”，坚持高标准、高投入、高产出，加大规模化沼气工程的建设力度，鼓励和引导社会力量参与建设和运营，采取业主运作的方式,发展壮大农村沼气产业。

农村沼气发展完成五大转变：结构上要由户用沼气为主向沼气多元化发展转变，功能上要由生活为主向生活、生产、生态一体化转变，服务上要由建站布点为主向注重可持续运营转变，政策上要由前端建设补助向前端建设补助和终端产品补贴相结合转变，建设上要由新建为主向新建与巩固并重转变。

二、农村沼气建设投资情况

据统计，2003—2012年，中央用于农村沼气投资315亿元，地方配套139亿元、农户自筹464亿元，其中，地方配套超过5亿元的省份有8个。为应对沼气建设成本快速上升的状况，2011年，东、中、西部地区中央补助标准分别提高到1300元、1600元和2000元，提高幅度达到30%以上。

在中央投资带动下，经过各地共同努力，农村沼气发展进入了健康、稳定发展的新阶段。

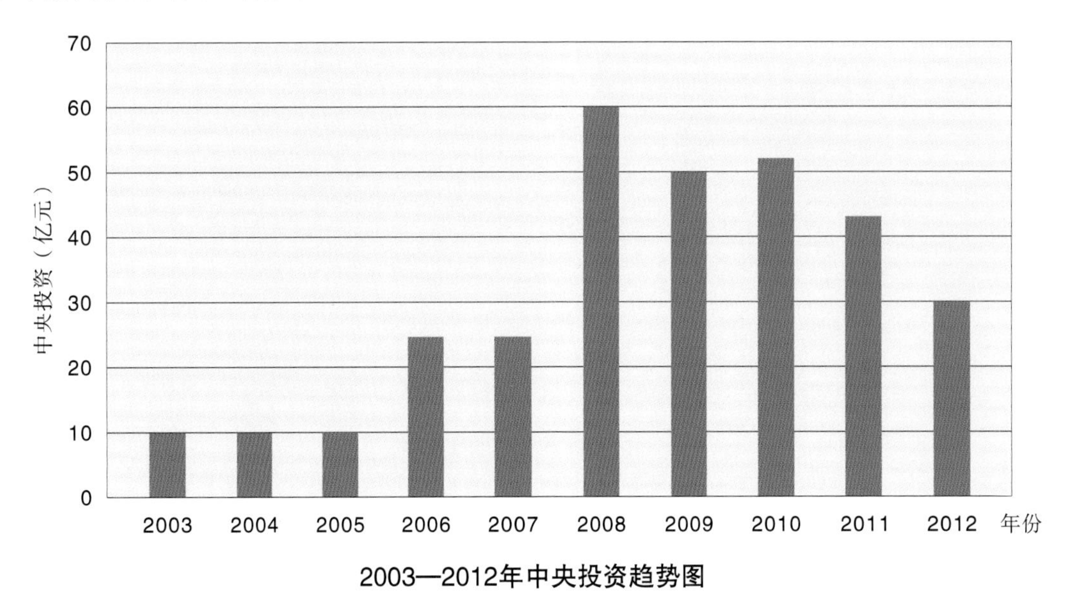

2003—2012年中央投资趋势图

三、农村沼气新技术新模式

随着国内沼气产业的迅速发展，如何高值化利用沼气，发挥其更大经济效益是农村沼气模式转变的关键。目前，国内外沼气利用方式已逐渐由热电联产和沼气集中供气向净化提纯制取生物甲烷转变。通过净化提纯工艺达到含甲烷95%～97%，用作车用燃气，或并入天然气管网，是将沼气高值化利用、发挥更大经济价值的重要方向。

武鸣沼气制备车用燃气技术模式

广西壮族自治区武鸣县安宁淀粉有限责任公司利用“改进型UASB-TLP工艺技术”对每天1000吨木薯酒精废水、5000吨木薯淀粉废水和木薯渣进行处理，经处理后的废水达到国家《农田灌溉水质标准》中的旱作灌溉标准；工程日均生产沼气达3万立方米，经脱硫脱碳系统和压缩系统纯化压缩后，每天平均可以得到2.1万立方米生物燃气，全年合产高达600万立方米。

武鸣县安宁淀粉有限责任公司沼气制备厂区

该公司利用快速高效厌氧发酵技术，以木薯加工生产过程中产生的高浓度有机废水为原料生产沼气，并对沼气进行纯化压缩，制备压缩生物车用燃气。车用燃气技术的发展突破了国内使用沼气的“瓶颈”，改变沼气直接用于锅炉燃烧发电等传统利用方式，把沼气通过净化压缩后变成生物燃气，替代资源极其紧缺的天然气，对建设低碳城市，提高可再生能源比例、提高能源自给能力和助力“三农”等都有积极意义。

留民营七村沼气联供模式

留民营七村沼气联供工程是北京市目前最大的农村沼气集中供气工程，该工程以鸡粪为主要原料，日处理鸡粪22吨、牛粪6吨、猪粪6吨、污水63.5吨，工程选用太阳能集热方式为厌氧消化料液增温；日均产气达1880立方米，为留民营一村及附近7个村庄的近1700户居民供气，解决了工程所在镇镇域1/5人口的清洁炊事用能问题；每年生产固态有机肥料2135吨、液态有机肥3.2万吨；除了集中供气外，多余沼气用来发电或进行沼气供暖。该工程所产沼气年可减排温室气体折合CO_2当量2.3万吨，全年节煤4000余吨，每户农村用能费用支出节约1/3。

留民营七村沼气联供工程

德青源沼气工程

德青源生态园位于北京市延庆县张山营镇境内，存栏鸡300万只，是亚洲规模最大的养鸡场之一，每天产生200立方米的鸡粪和3000吨废水。为解决鸡粪对周边环境的污染，德青源开建沼气二期工程，通过在一期工程中产出的沼液中添加玉米秸秆来生产沼气，按设计产能，一天需要秸秆45吨，一年30万吨左右。项目产生的沼气通过沼气提纯、压缩制备天然气，为张山营镇28个村、康庄镇11个村的1万余户农民提供清洁燃气；项目年产16万吨的沼液、沼渣为玉米施肥，

德青源沼气工程

玉米给德青源作饲料，该项目通过技术模式的拓展真正做到了生态循环利用。该项目的成功经验表明，生态农业、环境建设和企业经济效益完全可以有机地结合起来，达到多方共赢的局面。

四、农村沼气服务能力显著提升

截至2012年年底，全国乡村服务网点达到9万个、县级服务站800处，省级实训基地10个、培训沼气生产工和农村节能员15 928人，服务沼气用户近3000万户，覆盖率达到75%，服务体系不断完善，服务能力显著提升。以沼气设计、沼气施工、沼气服务、沼气装备和“三沼”综合利用为主要内容的产业化体系初步建立。

五、农村沼气建设成效显著

2012年，全国新增沼气用户174万户。截至目前，全国户用沼气达到4083万户，年产沼气138亿立方米，受益人口达1.6亿多人；新增沼气工程12 762万座，大中小沼气工程达到91952万座，总池容达到1433.33万立方米，年产沼气19.84亿立方米，供户达到151.66万户，年发电38 383万千瓦时。

据统计，农村沼气年处理粪污10多亿吨，通过沼肥利用可减少20%以上的化肥和农药施用量，改良土壤8000万亩，为农民增收节支480多亿元。按照全国沼气生产量为150多亿立方米计算，约为全国天然气消费量的10%，相当于年替代化石能源2500多万吨标准煤，减少二氧化碳排放6000多万吨。

其他可再生能源

一、农村太阳能利用

近年来，太阳能利用行业健康持续发展，总体上呈现出太阳能热利用日益普及，太阳能发电技术进步加快的趋势。截至2012年年底，全国共有太阳能热利用企业2417个，从业人员

2012年县级沼气服务站建设情况

名称	年初数		本年新增		本年减少		年末累计	
	数量（处）	从业人员（人）	数量（处）	从业人员（人）	数量（处）	从业人员（人）	数量（处）	从业人员（人）
全 国	756	4597	111	505	51	292	816	4810

2012年乡村服务网点建设情况

名称	年初数			本年新增			年末累计		
	数量（处）	从业人员（人）	覆盖范围（万户）	数量（处）	从业人员（人）	覆盖范围（万户）	数量（处）	从业人员（人）	覆盖范围（万户）
全国	79 177	136 377	2299.3377	11 146	18 044	339.0628	89 600	153 239	2623.9879

2012年太阳房、太阳灶、太阳能热水器推广使用情况一览表

类型	年初数		本年新增		本年报废		年末累计	
	数量	面积（万平方米）	数量	面积（万平方米）	数量	面积（万平方米）	数量	面积（万平方米）
太阳房（处）	236 406	2235.93	21463	154.18	5701	37.07	252168	2353.04
太阳热水器（万台）	3572.40	6231.87	329.16	650.48	44.62	80.55	3856.94	6801.80
太阳灶（台）	2 139 454		159 751		91 959		2 207 246	

约10.3万人，年总产值约达226.2亿元。从技术上看，太阳能热利用技术较为成熟，标准体系相对完备，太阳能光伏技术则相反，新技术、新产品不断涌现。2008年以来，制定颁布与太阳能利用行业相关的行业标准有2个，均为太阳能发电标准。

全国农村妇女沼气使用知识竞赛

农业部于2012年9月11~15日举办了全国农村妇女沼气使用知识竞赛，竞赛分黄河以北、黄河以南—长江以北、长江以南3个赛区。其中，黄河以北赛区于2012年9月11日在内蒙古自治区呼和浩特市举办，黄河以南—长江以北赛区于9月13日在湖北省武汉市举办，长江以南赛区于9月15日在广西壮族自治区南宁市举办。2012年10月19日，全国农村妇女沼气使用知识竞赛展示颁奖仪式在京举行，农业部党组成员、农业部直属机关妇女工作委员会主任张玉香，中央国家机关妇女工作委员会主任曹博慧等领导出席仪式并为获奖代表队颁奖。新疆维吾尔自治区农村能源工作站、湖北省农业厅、湖南省农村能源领导小组办公室获优秀团队一等奖；内蒙古自治区赵艳、青海省钟海莲、黑龙江省贺敏、山东省高维维、河南省刘志芬、湖北省江丽华、江西省郭年秋、贵州省王迎辉、湖南省陈晓燕、广西壮族自治区庞小燕获最佳选手奖；山西省农业生态环境建设总站、辽宁省农村能源办公室、黑龙江省人民政府农村能源办公室、吉林省农业环境保护与农村能源管理总站、陕西省农业厅科技教育处、四川省农村能源办公室、重庆市农业委员会农业生态与农村能源处（重庆市人民政府农村能源办公室）、西藏自治区农牧厅科技教育处、贵州省农业委员会生态能源处、海南省农村环保能源站获优秀组织奖。

全国农村妇女沼气使用知识竞赛

太阳能热水器是我国太阳能利用中应用最广泛、产业化发展最迅速的太阳能产品。由我国自主研发生产的全玻璃真空管太阳能集热器的科技水平、制造技术、生产规模均处于国际领先水平，且生产成本低廉，具有较强的国际竞争力；太阳灶在我国的西藏、四川、甘肃、内蒙古等严重缺柴和其他生物质能源的地区深受欢迎，2012 年年末保有量达到220万台；太阳房建设在我国北方地区十分受政府和开发商重视，并进行了大面积示范，累积建成2353 万平方米 。

二、农村微水电开发利用

随着国家经济发展的推进，电力设施逐渐完备，微水电的开发利用始终处于稳中有降的态势。到2012年年底，全国微水电保有量达3.4万台，装机容量10万千瓦。在标准制修订方面，2008年以来未制定相关标准。

三、农村风能开发利用

近年来，面向农村地区的中小风电行业虽然缺少国家政策的支持和扶植，但由于国内外新能源逐渐被广泛应用，中小型风力发电机组在我国有风无电地区的广大农、牧、渔民的生活、生产用电方面有较大市场需求。中小型风电行业依然保持了稳步发展。到2012年年底，全国小风电保有量达11.4万台，装机容量3.4万千瓦。在标准制修订方面，2008年以来未制定相关标准。

职业技能鉴定

目前，农村能源行业已培养了一支具有相当规模的农民技术员队伍，通过相关职业技能培训和鉴定并获得国家职业资格证书的农民技术员达到34.78万人，其中：沼气生产工33.17万人、农村节能

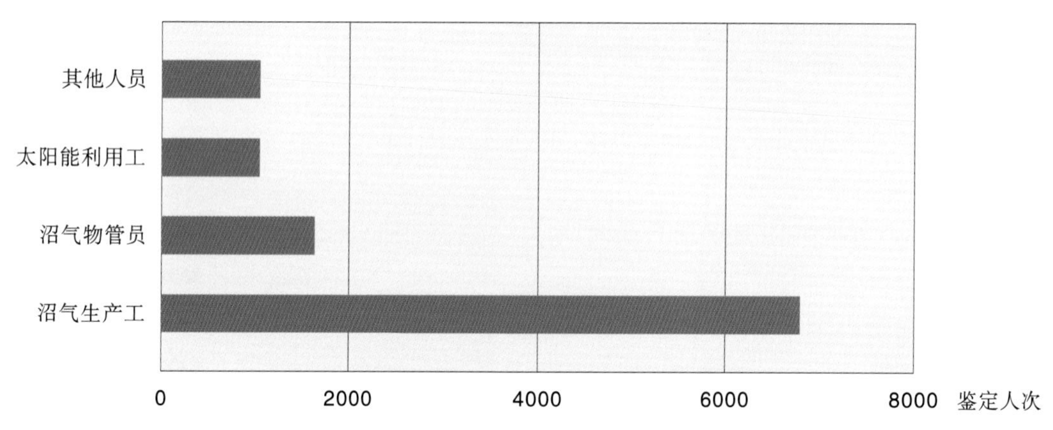

2012年度农村能源职业技能鉴定分工种统计情况

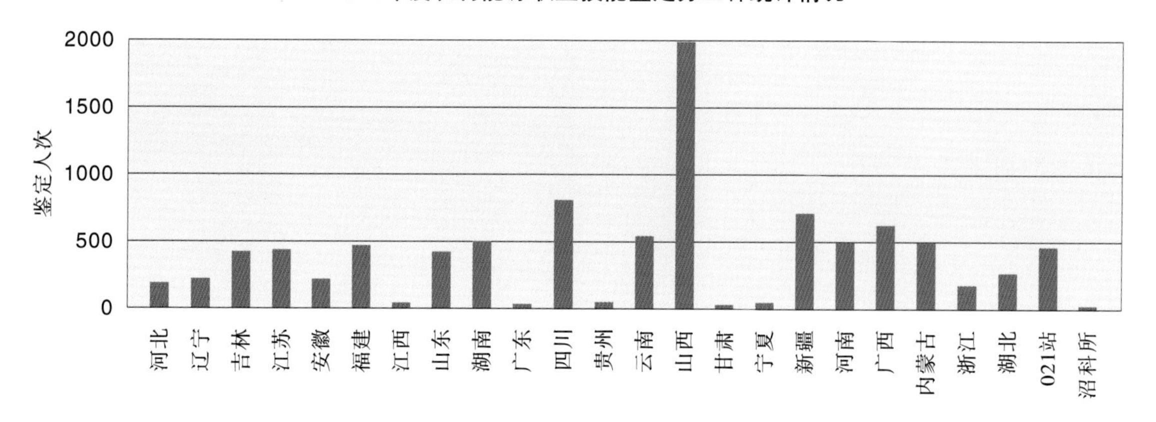

2012年度农村能源职业技能鉴定分站统计情况

第二届沼气生产工技能大赛

2012年9月，农业部农业生态与资源保护总站牵头承办的全国第二届沼气生产工技能大赛在贵州省贵阳市举行。该赛事不仅锻炼了体系队伍，还充分带动各地积极开展技能竞赛，探索高技能人才培养新模式。

全国第二届沼气生产工技能大赛获奖名单

一、团体优胜奖

（一）团体金奖

湖北省农业厅

（二）团体银奖

辽宁省农村能源办公室

贵州省农业委员会生态能源处

江苏省农业委员会农业生态环境保护与农村能源处

（三）团体铜奖

山东省农业厅生态农业处（山东省农村可再生能源办公室）

湖南省农村能源领导小组办公室

福建省农业生态环境与能源技术推广总站

宁夏回族自治区农村能源工作站

广西壮族自治区农村能源办公室

浙江省农村能源办公室

二、全国沼气技术能手

湖北省	郑光周	辽宁省	康　越
贵州省	陈　勇	江苏省	刘永全
山东省	张庆真	湖南省	陈远见
福建省	王小兵	宁夏回族自治区	李鹏升
广西壮族自治区	庞　强	浙江省	方勇军
陕西省	杨林奎	四川省	齐　超
海南省	唐甸庭	甘肃省	张虎平
山西省	王金贵	大连市	王宝粟
江西省	左福滚	安徽省	蔡永仓
河南省	杨国松	重庆市	刘荣超

三、优秀组织奖

贵州省农业委员会

天津市农村工作委员会能源生态处（天津市农村能源办公室）

云南省农村能源办公室

新疆维吾尔自治区农村能源工作站

内蒙古自治区农村生态能源环保站

河北省新能源办公室

青海省农业生态环境与可再生能源指导站

黑龙江省人民政府农村能源办公室

吉林省农业环境保护与农村能源管理总站

青岛市农业环保能源工作站

全国第二届沼气生产工技能大赛开幕式 ▲

操作技能比赛现场 ▶

员5959人、太阳能利用工4380人、生物质能利用工2749人、其他农村能源利用人员2969人。

2012年，农业部农业生态与资源保护总站成立后，正式变更为农村能源行业职业技能鉴定指导站的挂靠单位，继续推进农村能源行业职业技能鉴定工作。2012年12月，农业部办公厅发布了《关于进一步加强农村能源职业技能培训鉴定工作的意见》（农办科〔2012〕87号），对农村能源职业技能培训与鉴定工作提出了明确要求和操作性强的措施。2012年，农村能源共计办理证书10680人次。

农村节能减排

一、农村节能炉灶炕

（一）产业有序发展

近年来，农村节能炉灶炕产业有序发展。截至2012年年底，节能炉灶炕产业共有企业566家，从业人员8714人，总产值达9.37亿元。

在标准方面，作为传统行业的节能炉灶炕行业标准较为完备。2008年以来，与农村节能炉灶炕相关的农村能源行业标准共制订了16个，其中，生物质固体成型燃料标准13个。

（二）成果推广迅速

在各级政府资金扶持和大力推广下，农村节能炉具产业稳步发展。据不完全统计，2012年全国生物质炉具年销量达150万台，其中，生物质采暖炉具占10%，生产企业约 300家。大部分生物质炉具销量为各级政府相关项目采购，在部分适宜地区，政府将生物质炉具推广与节能炕相结合，鼓励项目农户在用项目配发生物质炉具替代老式炉灶的基础上铺设节能炕，取得了一定的成果。据统计，2012年全国新增节能炕29.55万铺。生物质炉具的发展也带动了中国生物质成型燃料的发展。据不完全统计，2011年生物质成型燃料的产量约550万吨。目前，国际上公认我国生物质炉具技术居国际领先水平。

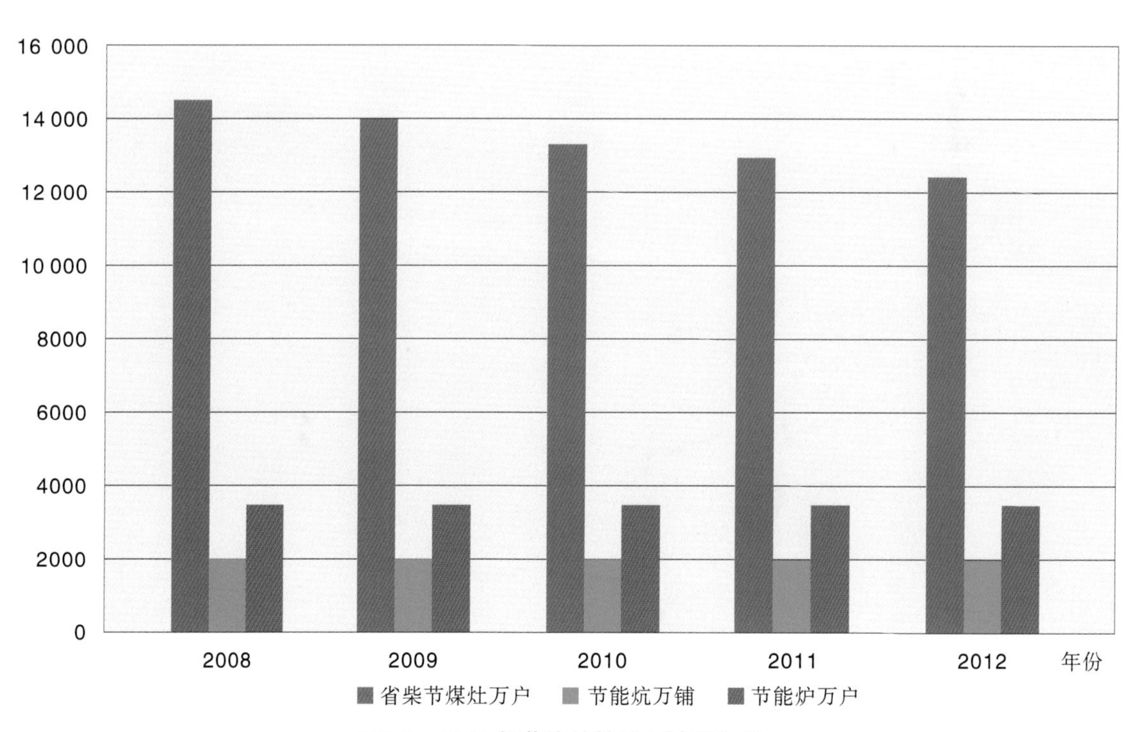

2008—2012年节能炉灶炕累计保有量

2010—2012年节能炉灶炕产业发展情况

年份	节能炉灶炕产业					
	企业数量（个）	从业人员（个）	总产值（万元）	固定资产（万元）	利润总额（万元）	税金（万元）
2010	672	8385	131 346.33	80 694.49	11 977.96	5232.06
2011	629	8906	83 555.30	57 136.96	8958.86	3305.24
2012	566	8714	93 714.00	62 097.00	9758.00	3219.00

2008—2012年节能炉灶炕发展情况一览

年份	节能炉灶炕											
	省柴节煤灶				节能炕				节能炉			
	年初数（万户）	本年新增（万户）	本年报废（万户）	年末累计（万户）	年初数（万铺）	本年新增（万铺）	本年报废（万铺）	年末累计（万铺）	年初数（万户）	本年新增（万户）	本年报废（万户）	年末累计（万户）
2008	15 060.19	482.81	895.40	14 647.61	2023.68	55.95	30.02	2049.62	3470.88	202.50	331.51	3341.88
2009	14 647.61	354.57	960.14	14 042.04	2049.70	41.07	47.47	2043.30	3341.98	140.68	214.24	3268.42
2010	14 042.04	299.25	934.54	13 406.75	2043.30	50.74	90.05	2003.99	3268.42	186.97	193.90	3261.49
2011	13 406.75	184.12	707.18	12 883.70	2003.99	33.87	82.94	1954.92	3261.49	135.52	161.51	3235.50
2012	12 883.70	173.07	533.80	12 522.96	1954.92	29.55	47.89	1936.58	3235.50	91.77	142.71	3184.55

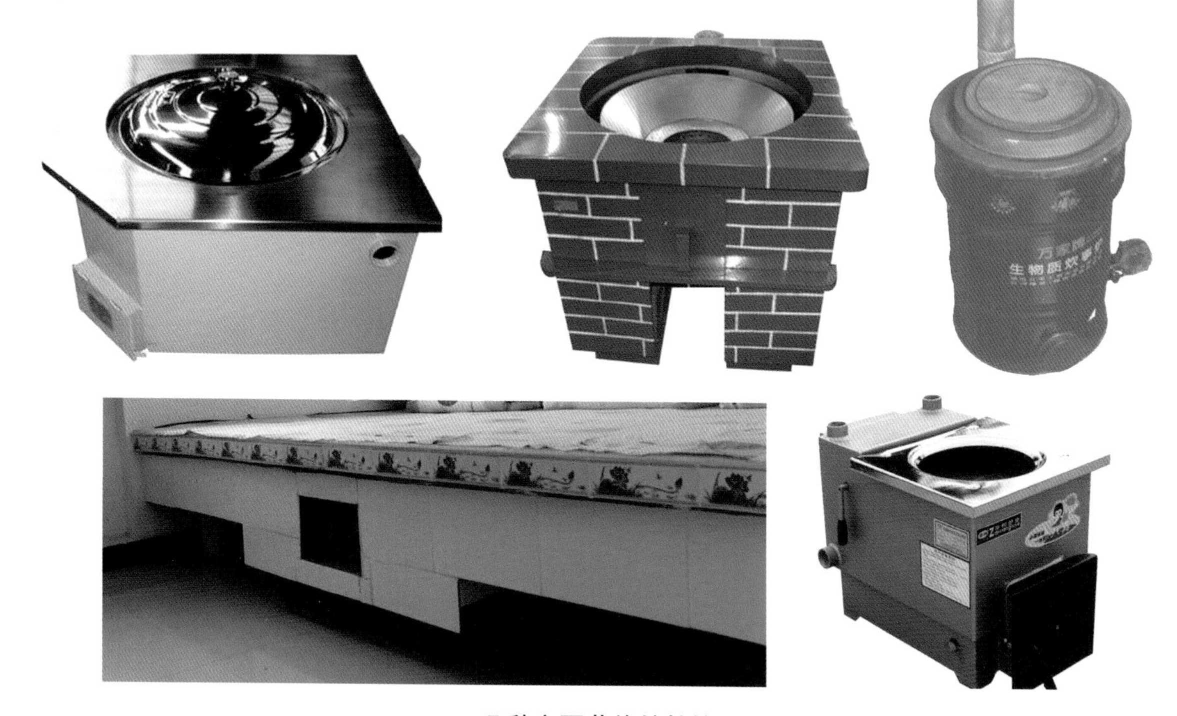

几种主要节能炉灶炕

绿色能源示范县建设

绿色能源示范县是国民经济和社会发展第十一个五年规划纲要确定的新农村建设重点工程。开展绿色能源示范县建设目的是通过开发利用可再生能源设备资源、建立农村能源产业服务体系、加强农村能源建设和管理等措施，为农村居民生活提供现代化的绿色能源、清洁能源，改善农村生活生产条件，为建设资源节约型、环境友好型社会和实现全面建设小康社会目标做出积极贡献。

为提高项目建设技术水平，保障绿色能源示范县顺利实施，各有关部分出台一系列的政策措施："财政部、国家能源局、农业部关于印发《绿色能源示范县建设补助资金管理暂行办法》的通知"、"国家能源局、财政部、农业部关于印发《绿色能源示范县建设管理办法》"和"农业部、能源局、财政部关于印发《绿色能源示范县建设技术管理暂行办法》的通知"。

经各省（自治区、直辖市）推荐和专家评审，国家能源局、财政部和农业部决定，对可再生能源开发利用基础好、成绩突出、发展目标明确、管理体制健全的北京市延庆县、江苏省如东县等108个县（市）授予"国家首批绿色能源示范县"称号。

二、农村碳汇交易

据《联合国气候变化框架公约》执行理事会（EB）网站统计，截至2012年年底，我国在EB成功注册清洁发展机制(CDM)项目2915个，占东道国注册项目总数的52.9%；核证减排量 (CERs)签发量占东道国CDM项目签发总量的60.9%。

近几年来，我国有关农业CDM项目发展迅速，呈逐年增加趋势，继2007年河南牧远猪场甲烷回收和利用项目、2009年德清源鸡粪沼气发电CDM项目和湖北（恩施）生态家园CDM项目成功注册后，截至2012底，我国成功注册有关农业CDM项目共44个。

另外，根据中国清洁发展机制网统计数据，截至2012年年底，由国家发展与改革委员会批准的CDM项目为4875项，其中2012年批准了1316项，关于农村节能减排的CDM项目主要为甲烷回收利用，主要涉及农村户用沼气与沼气工程。目前，各省市都在大力推动农村户用沼气项目进入碳汇交易市场，根据数据分析，2012年批准的甲烷回收利用项目共162个，其中有119个项目涉及沼气，涉及农村沼气项目有98个，如湖北省农村户用沼气规划项目、四川农村中低收入家庭户用沼气建设规划类清洁发展机制项目、广西壮族自治区的农村户用沼气项目等，其中农村沼气项目总的估计年减排量达2210327吨二氧化碳当量（tCO_2e），占甲烷回收利用估计年减排量的13%。

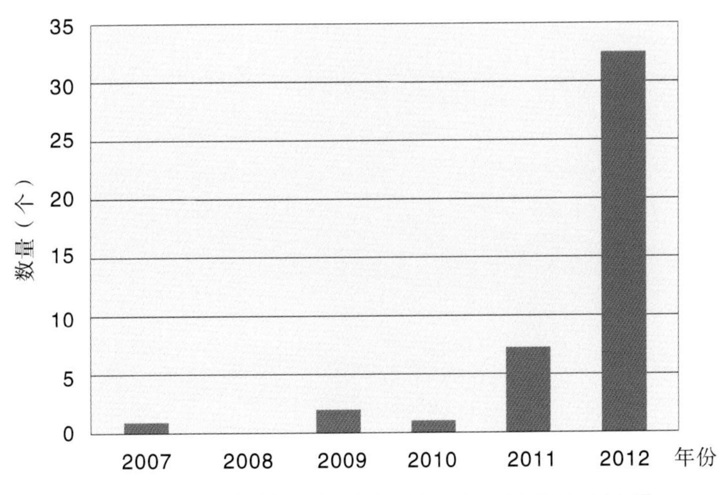

2007—2012年我国在EB注册农业CDM项目数量

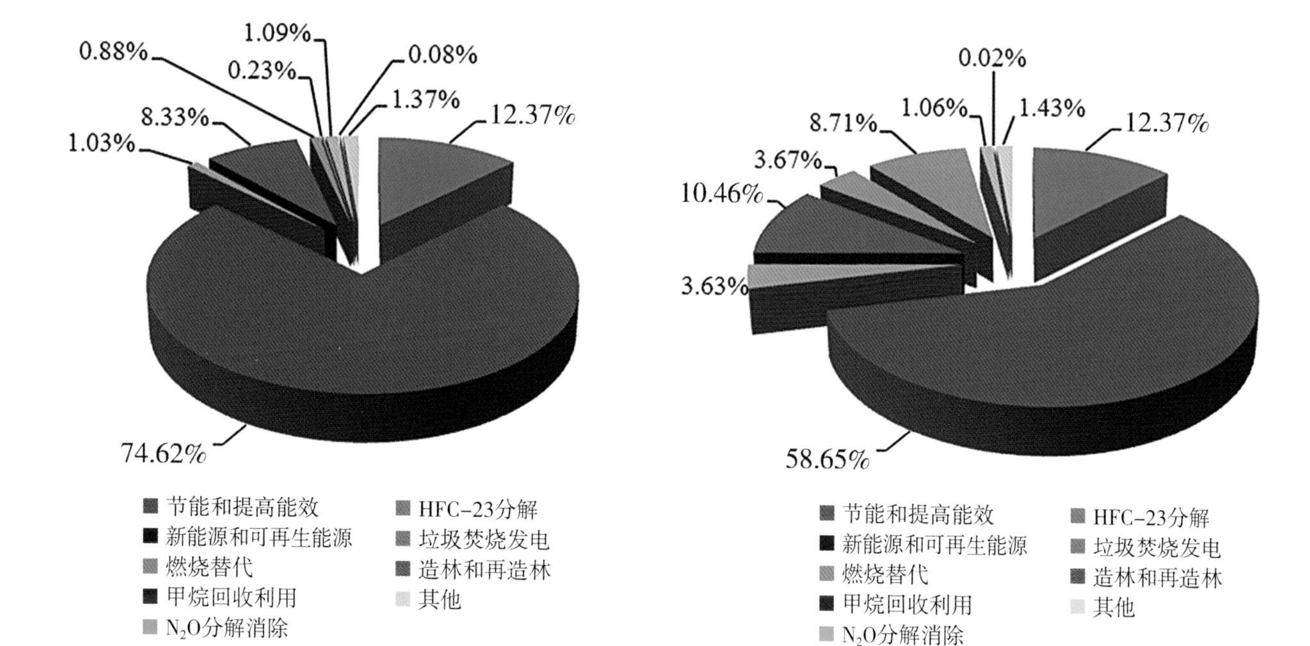

截至2012年年底国家发展与改革委员会批准的各类CDM项目数量分布图

截至2012年年底国家发展与改革委员会批准的各类CDM项目估计减排量分布图

湖北恩施户用沼气清洁发展机制（CDM）项目

2009年2月19日，湖北省恩施州生态家园CDM项目在联合国气候变化框架公约（UNFCCC）CDM执行董事会注册成功，成为我国首个成功注册户用沼气清洁发展机制项目（CDM）的地区。该项目涵盖恩施州8个县的33 000个农户，年核证减排量为58 444吨二氧化碳当量，根据核证减排量购买协议，每年可获得减排收入约82万美元，折合人民币约574万元。减排收入的60%直接发放给项目农户，18%用于技术服务，22%用于监测和项目管理。目前，恩施州共建成户用沼气池54.5万户，各类沼气工程443处，每年可节约标煤43.6万吨，减少耗电超过1亿千瓦时。

中国清洁炉具展

前国务委员戴秉国与美国前国务卿希拉里参观展览

2012年5月3日，在北京出席“第四轮中美战略与经济对话”的美国前国务卿希拉里在国务委员戴秉国的陪同下参观了在钓鱼台国宾馆应美方要求举办的小型“中国清洁炉具展示会”，观看了由中国农村能源行业协会组织抽调的30余种不同类型的高效低排放炉具和展板。农业部张桃林副部长和科技教育司杨雄年副司长陪同参观。在这次中美战略与经济对话期间发表《经济对话联合成果情况说明》和《战略对话具体成果清单》的第30条，专门针对中国的节能炉具产业做了说明。中国宣布加入全球清洁炉灶联盟，提出将在全球清洁炉灶联盟下加强合作，帮助联盟实现其关于在全球大规模推广清洁炉灶和燃料的宏伟目标，以此实现改善健康、提高生活水平、赋予妇女更多权利、节能和环保等多重目标。这对促进和繁荣我国的节能炉具产业、节能清洁生物质炉具和生物质成型燃料产业是个新的契机。

壳牌大学生农村能源暑期实践活动

壳牌中国集团从2004年起，为鼓励高校学生走出校园，深入基层，了解社会，先后与农业部农业生态与资源保护总站、中国农村能源行业协会、农业部科技发展中心、上海新能源科技成果转化与产业促进中心共同合作，针对农村能源与可持续发展这一主题，分别就当年社会关注的热点和焦点问题，鼓励在校学生利用暑假时间深入基层，对农村能源领域的多个方面开展调研，探讨我国能源和可持续发展领域的各种问题。该活动得到了北京、上海、成都、西安等地高校学生的热烈响应。

生态农业

生态农业具有高投入、高产出、高效益与可持续发展的特性，实现集约化经营与生态化生产的有机耦合，是新形势下发展现代农业的有效途径，是缓解资源环境约束的重要手段，是推进农业生态文明和建设美丽中国的重大举措。开展农作物秸秆综合利用，可以使秸秆这一农业重要副产品以肥料、饲料、基料等形式重新进入农业生产的循环之中，是生态循环农业的重要媒介和载体。

生态农业示范建设

20世纪80年代，在借鉴国外生态农业发展经验的基础上，我国提出了生态农业的概念。我国生态农业以协调人与自然的关系，促进农业农村经济社会可持续发展为目标，以“整体、协调、循环、再生”为基本原则，以继承和发扬传统农业技术精华并吸收现代农业技术为技术特点，把农业可持续发展的战略目标与农户微观经营、资源环境保护结合起来，是把农业生产、农村经济发展、生态环境保护、资源高效利用融为一体的新型农业综合技术体系。

经过30多年的发展，我国的生态农业建设已经从初期的生态农业村、生态农业乡发展到生态农业县，农业部会同有关部委先后启动了两批生态农业试点（示范）县建设，建成国家级生态农业示范县100多个，带动建设省级生态农业示范县500多个、生态农业示范点2000多个。近年来，山东、江苏、安徽等省专门安排资金，开展生态农业示范区建设。各地积极采取措施，大力推进生态农业建设，涌现了“猪—沼—果”、“四位一体”等一批成熟的生态农业技术和模式，取得了很好的经验和做法，引起了广泛关注和高度重视。生态农业建设已经成为各地的自觉行动，是新农村建设的重要内容和推进现代农业发展的重要途径，受到广大农民的欢迎。

国务院领导高度重视生态农业建设工作，1999年11月，温家宝副总理对生态农业作了重要批示：“我赞成这样的观点，21世纪是实现我国农业现代化的关键历史阶段，现代化的农业应该是高效的生态农业。”2000年3月，温家宝副总理对全国生态农业试点县建设情况做出了重要批示：“全国生态农业试点县建设开展五年来取得了显著成效，形成了一套比较完善的支持保障体系。要认真总结经验，加强组织领导，依靠科技创新，把生态农业建设与农业结构调整结合起来，与改善农业生产条件和生态环境结合起来，与发展无公害农业结合起来，把我国生态农业建设提高到一个新水平。”

实践证明，生态农业具有高投入、高产出、高效益与可持续发展的特性，实现集约化经营与生态化生产的有机耦合，是新形势下发展现代农业的有效途径，是缓解资源环境约束的重要手段，是推进农业生态文明和建设美丽中国的重要举措。

循环农业示范建设

一、循环农业技术模式不断完善

（一）“上农下渔”模式

重点培育“上粮下渔”、“上林下渔”、

全国生态农业试点(示范)县名单

省区市和计划单列市	试点（示范）县（市、区）
北京市	密云*、大兴*、平谷县、怀柔县
天津市	宝坻*、武清县
河北省	迁安*、沽源*、滦平县、邯郸县
山西省	中阳*、闻喜*、河曲*、交城县、昔阳县
内蒙古自治区	翁牛特*、和林格尔*、喀喇沁*、敖汉旗
辽宁省	大洼*、昌图*、凌海市、新宾县
大连市	大连市
吉林省	扶余*、德惠*、吉林市郊区*、大安市、九台市
黑龙江省	木兰*、拜泉*、望奎县、富锦市
上海市	崇明*、宝山区
江苏省	江都*、大丰*、江阴市、太湖生态农业示范区
浙江省	德清*、安吉县
宁波市	慈溪县
安徽省	歙县*、全椒*、颍上县
福建省	东山*、文昌*、芗城区
厦门市	同安区
江西省	永新县、会昌县、赣州市
山东省	五莲*、临淄区*、临朐*、惠民县、荷泽市
青岛市	城阳区
河南省	兰考*、孟州市、内乡县、新郑市
湖北省	京山*、洪湖*、宜城*、大冶市、松滋市
湖南省	慈利*、长沙*、浏阳市、南县
广东省	潮安*、东莞*、廉江市
广西壮族自治区	大化*、武鸣*、兴安县、恭城县
海南省	儋州市
重庆市	大足*、渝北区
四川省	眉山*、洪雅*、峨眉山市、苍溪县
贵州省	思南*、德江县
云南省	思茅*、禄丰*、华宁县
陕西省	延安*、杨凌区、汉台区
甘肃省	泾川*、永靖县
青海省	湟源*、平安县
宁夏回族自治区	固原*、陶乐县
新疆维吾尔自治区	沙湾*、哈密市

注：带“*”号的为第一批生态农业试点县。

"上菜下渔"的高效利用土地资源的种养模式。围绕种植业，大力发展耐旱、耐碱、节水、优质、高产、生态种植业，推广节水工程技术以及生物质能多层次利用（秸秆还田、秸秆生物反应堆、秸秆栽培食用菌、秸秆青贮等）和多能互补等技术，实施测土配方施肥，增施有机肥，减少高残、高毒农药用量。围绕渔业，扩大水产增殖业、健康养殖业和精深加工业，加快浅海滩涂和盐碱涝洼地生态化改造、标准化养殖池塘改造和规模化开发，推进优势特色水产品标准化生产。

发展循环农业关键共性技术

分类名称	分类名称	名　称
减量化技术	推广示范技术	作物病虫害物理生物防治技术
		测土配方施肥技术
		种植节水技术
		保护性耕作技术
再利用和资源化技术	推广示范技术	农业有机固体废弃物食用菌生产技术
		农业有机固体废弃物有机肥生产技术
		农村生活污水高效生态处理技术
		设施渔业养殖废水高效处理与回用技术
		木材加工剩余物造板技术
	研发技术	农作物秸秆固化成型燃料技术
		农作物秸秆沼气技术
		热带作物秸秆纤维化利用技术
		寒冷地区高效沼气技术
		废旧地膜回收加工技术
链接与共生技术	研发技术	粮油果蔬深加工及其废弃物综合利用技术
		林木生物质新型功能材料技术
		畜产品深加工及其废弃物综合利用技术
		水产品深加工及其废弃物综合利用技术

（二）"畜（禽）沼菜（果）复合型"模式

鼓励引导种植、养殖之间加强联合，以沼气为纽带，构建畜禽养殖、蔬菜瓜果种植、沼气之间互补互促，形成循环有序的产业链和生态食物链。畜禽粪便作为发酵原料生产沼气，沼气用于农民生活用能，沼肥作为有机肥料施用于菜地、果园等，蔬菜、瓜果的部分副产品可作饲料，不能做饲料的根茎叶可作沼气原料，以减少植物残体上病虫侵染源，进而降低温室内病虫害发生率和农药用量。

（三）"农林牧渔复合型"模式

以种植业为中心，发展优质粮食经济作物、无公害蔬菜、饲料作物，使种植业结构逐步向"粮—经—饲"三元结构转变。根据林相结构、林地布局、生态环境、现有技术、市场需求、区域特色及基础设施的配套情况分别选择适当的林下种养殖模式，如林菌、林禽、林畜、林药、林粮、林油、林菜、林草等模式。围绕畜牧业，稳定发展瘦肉型猪和肉鸡生产，大力发展牛羊兔等食草型畜禽，加快发展畜产品加工业，带动饲料加工业发展。因地制宜发展生态渔业，推广养殖水循环利用技术，建设自净式生态渔业模式。畜禽粪便、塘泥等经处理形成有机肥，产生的沼气为居民提供能源，推动循环种养、生态养殖和绿色能源有机结合。同时，适度退耕还林还草，以草绿地、以草改土、以草养畜、以草养林、深度挖掘农林、农牧、林牧等不同产业之间相互促进、协调发展的能力，形成农、林、牧、渔协调发展的循环经济模式。

（四）"工农复合型"模式

加强种植业、林业、畜牧业和渔业等农业内部联系，并延伸到农副产品加工、纺织等工业行业以及会展、观光旅游等服务业，实现农业和工业、服务业的链接，逐步建立以农业产业为主体的循环经济发展模式。

二、循环农业示范市建设扎实推进

2007年，农业部在河北邯郸、山西晋城、辽宁阜新、山东淄博、江西吉安、河南洛阳、湖南常德、湖北恩施、广西桂林、甘肃天水10个市（州）启动实施循环农业示范市建设，大力推广节地、节水、节肥、节药、节能技术，加快农作物秸秆、农村生活垃圾和污水、畜禽粪便的循环利用。经过5年时间，循环农业示范市建设取得了明显成效。

河北省邯郸市2008—2012年建设秸秆养畜示范项目80个，秸秆青贮300万吨，建设秸秆气化、固化示范点16个，秸秆堆腐还田580万亩，利用秸秆栽培食用菌18.1万亩，栽培品种10个，全市机械化秸秆还田面积达到3700万亩，秸秆综合利用率达到82.5%。全市户用沼气池达到49万余个，大中型沼气工程29 000立方米,建成沼气示范村600个，沼气生态农业示范园16处，沼气生态农业示范基地160万亩，建设农村清洁工程示范村16个。

山西省晋城市到2012年年底全市农村清洁能源用户达到19.5万户，涉及所有县（市、区）的 1700多个行政村，5年来为农民提供沼气

“葡萄+灯+蛙+微生物”生态循环农业模式

特色民居和有机茶园

有机肥示范区

生态发酵床养猪模式

1 3218万立方米，秸秆气23 442万立方米，煤层气2638万立方米，照明节电786万度。建设农村清洁工程示范村105个，循环农业综合示范区11个，部级现代农业示范园3个，省级标准示范园3个，市级现代农业科技园区30个，“猪—沼—菜（果）”循环农业产业链产值超过30亿元。

辽宁省阜新市到2012年底建成永久性青（黄）贮窖6.6万窖，年青贮秸秆3亿千克，年利用秸秆生产颗粒饲料2.3万吨，利用秸秆和粪便生产食用菌面积达1.1万亩，年产量5.6万吨。全市年产沼气900万立方米，年产沼肥58万吨，其中50立方米发酵容积的中型沼气池75座，年产有机肥3.5万吨。推广生物质固化采暖炉700套，推广组合式太阳能房建筑面积5000平方米，推广太阳能热水器500台，安装太阳能路灯180盏，推广太阳灶400个。

江西省吉安市在全市13个县（市、区）大力开展了测土配方施肥技术指导与服务，测土配方施肥面积达1053万亩，全面实施“增”（增施有机肥）、“提”（提高肥料利用率）、“改”（改良土壤）、“防”（防止土壤退化）措施。推广生态治理、农业防治、生物控制、物理诱杀等综合防治措施，安装杀虫灯7100多盏，杀虫面积28万多亩，应用生物农药面积660多万亩，用性诱剂诱杀作物害虫面积7761亩，农药减量控害增产技术应用面积71. 8 万亩。

河南省洛阳市到2012年年底全市户用沼气达51.5万座，42%的农户用上了清洁能源沼气，建设沼气工程547座，70%以上的规模化养殖场实现了粪便无害化处理。全市秸秆综合利用率达到90%，城市近郊、道路两侧的31个重点乡镇秸秆利用率达到95%以上。全市建成100个循环农业示范村，“猪—沼—果”、“猪—沼—粮”、“猪—沼—菜”等种养结合型循环农业面积达10.7万亩，示范带动全市以沼气为关键链的循环农业模式面积达150万亩。

山东省淄博市到2012年年底全市秸秆综合利用率达93%，较2007年提高了35个百分点。建成秸秆青贮场所9处（年青贮玉米秸秆40余万亩）、秸秆固化点40余处、秸秆生物反应堆7000个大棚、秸秆养藕池5000亩、户用秸秆沼气池5000个、大型秸秆沼气工程28处。全市建成户用沼气池10万个，生态能源示范村86个，“千池镇”15个，年产沼气4000多万立方米、优质有机肥40多万吨。

湖北省恩施州到2012年年底建成户用沼气池54.5万户，占总农户的58%，占适宜建池户的78%，推广太阳能热水器5万户、节柴灶和高效低排生物质气化炉10万户。户用沼气每年可节约标煤45万吨，减少耗电1亿千瓦时，减少森林砍伐面积200万亩，减排二氧化碳100万吨，为农民增收节支7亿元。建成循环农业试点村44个，乡村清洁工程示范村28个。建成利川（茶叶、蔬菜、水稻）、鹤峰（茶叶）、咸丰（茶叶）、巴东县（柑橘）等6个国家级绿色食品原料标准化生产基地，宣恩（贡水白柚、茶叶）、咸丰县（茶叶）2个全国有机食品示范基地，获得“三品一标”认证标识达到502个。

湖南省常德市到2012年年底建成了74个农村清洁工程示范村，30家循环示范企业，20个有龙头企业带动的区域特色循环农业产业示范园区，全市主要农产品中绿色食品达到50%以上。对1000个规模养殖场进行了标准化改造，推广生物发酵床3万平方米，减少养猪粪尿及污水直接外排24万吨。全市推广测土配方施肥面积1207万亩，其中配方肥施用面积556万亩。推广使用生物农药、高效低毒农药分别达到640万亩次和132.4万亩次，实施专业化统防统治150万亩。

广西壮族自治区桂林市到2012年年底全市沼气池为59.87万座，占桂林市总农户数的56.41%，占适宜建池农户数的80.55%。改扩建养殖场（小区）281个，建设沼气池、化粪池3.03万立方米，改造标准化猪舍1.14万平方米。全市已有10个县成为“无公害农产品生产示范

基地县”，7种农产品获得地理标志注册登记保护，其中灌阳雪梨成为广西第一个获得农业部地理标志注册登记保护的农产品，平乐、恭城两县成为“绿色食品原料标准化生产基地”，资源县入选“中国果菜无公害十强县”。

甘肃省天水市2008—2012年在渭河、耤河、葫芦河、大南河流域的川道区及浅山区示范推广“种—养—加”循环农业模式86.17万亩。全市户用沼气达到14.07万户，养殖小区沼气工程3处，联户沼气工程11处，大中型沼气工程4处，乡村服务网点425处。2012年蔬菜种植面积110.33万亩，总产量达到266.9万吨，无公害蔬菜认定面积达到65.5万亩。建设废旧农膜回收网点，扶持废旧农膜回收加工企业和专业合作社，2012年全市废旧农膜回收利用率达65.1%。

秸秆综合利用

农作物秸秆是粮食作物和经济作物生产中的副产物，它含有丰富的氮、磷、钾等微量元素，是一种可供开发与综合利用的资源。长期以来，人们一直把秸秆看作是农业的副产品，存在重粮食利用、轻秸秆利用的传统观念。传统农业和简单再生产对秸秆的利用，一般局限于作为低效的生活能源。随着现代农业和现代加工技术的发展，对农作物秸秆的认识已开始转变，秸秆和籽实一样都是重要的农产品。加强农作物秸秆综合利用，对加快农业和农村经济发展具有重要作用，既可缓解农村饲料、肥料、燃料和工业原料的紧张状况，又可保护农村生态环境，促进农业可持续协调发展。

秸秆固体成型燃料

秸秆饲料化——秸秆青贮

秸秆肥料化——秸秆还田

推进秸秆综合利用，实现秸秆多层次、多途径利用，将有效改善脏乱差面貌，从源头控制农村面源污染，对推进社会主义新农村建设具有积极作用。

一、综合利用技术体系日趋完善

秸秆综合利用是指在农村生产系统中，以秸秆为起点，以解决资源短缺为目标，实现有机物多重循环、多层利用，从而提高农业生态系统综合效益的利用方式。目前，秸秆综合利用途径可以归纳为“五料化”，即燃料化、饲料化、肥料化、基料化、原料化。

（一）秸秆能源化利用技术

通过燃烧获得能量是秸秆利用的主要途径。通过省柴灶、节能炕等方式有效提升秸秆的直接燃烧效率。秸秆固化、气化、液化是高品位利用秸秆资源的一种生物能转化方式，可改善秸秆燃烧特性，提高能量利用率。秸秆气化后燃烧使用，干净卫生，还可进行集中供气。秸秆固化后做燃料，可解决秸秆质地松散、不易储运及热效率低的问题。秸秆经裂解、冷却得到液体产品，不但可以做燃料，还可以进一步提取化工原料。

（二）秸秆饲料化利用技术

利用化学、微生物学原理，可使富含木质素、纤维素、半纤维素的秸秆降解转化为含有丰富菌体蛋白、维生素等成分的生物蛋白饲料。目前，秸秆的饲料转化技术主要有氨化、青贮、微生物处理（微贮）等。

秸秆氨化处理的应用较广泛，有堆垛法、氨化池法、氨化炉法等。通过在玉米、小麦、

秸秆基料化——秸秆做食用菌床基

水稻等作物的秸秆中加入氨源物质(如液氨、尿素、碳铵、氨水等)密封堆制，破坏其中的纤维素和半纤维素，使之更易于被牲畜消化吸收，氨化处理后秸秆的消化率可提高20%左右。秸秆经氨化处理后质地变得松软，营养价值得到改善，具有糊香味，可提高牲畜的采食速度、采食量。

秸秆青贮处理是利用自然界的乳酸菌等微生物，经过一段时间的乳酸发酵后，将秸秆转化成含有丰富蛋白质、维生素、适口性好的饲料。这种方法能长期保持秸秆的营养特性、养分损失少，并可长期贮存，消化率高、适口性好，占地空间少。

秸秆的微生物发酵贮存技术是利用微生物发酵的原理，先将农作物秸秆进行机械加工，再按比例加入微生物发酵菌剂、辅料等，并放入密闭设施中，经过一定的发酵过程，使之软化蓬松，转化为质地柔软、湿润膨胀、气味酸香的优良饲料。该技术的成本低，且制作不受季节限制。

（三）秸秆肥料化利用技术

秸秆肥料化还田，是改良土壤、提高土壤中有机含量的有效措施。秸秆肥料化利用的主要技术包括直接还田、间接还田和生化腐熟快速还田等。

秸秆原料化——稻草秸秆做草帘

直接还田技术是近年来推广的技术，采用秸秆还田机作业，机械化程度高。主要包括粉碎还田、整杆还田、覆盖栽培还田等。

间接还田（高温堆肥）技术是一种传统的积肥方式，利用夏秋高温季节，采用厌氧发酵堆沤制造肥料。其特点是成本低廉，但时间长，受环境影响大，劳动强度高，产出量少。主要包括堆沤腐解还田、烧灰还田、过腹还田、菇渣还田、沼渣还田等。

生化快速腐熟技术采用可分解粗纤维的优良微生物菌种和可加快秸秆腐熟的化学制剂，采用现代化设备控制温度、湿度、数量、质量和时间，经机械翻抛、高温堆腐、生物发酵等过程，将秸秆转换成优质有机肥。该技术具有自动化程度高、腐熟周期短、产量高、无环境污染、肥效高等特点。

（四）秸秆基料化利用技术

秸秆营养丰富、来源广泛、成本低廉，很适合做多种食用菌的培养料。以作物秸秆为主要培养基质，再配合其他原料，可进行多种食用菌栽培。如用麦秸栽培草菇、用玉米秸秆栽培草菇和平菇、用稻草栽培双孢菇等。以秸秆为原料栽培食用菌的菇渣，密布菌丝体，同时由于菌体的生物降解作用，氮、磷等养分的含量也显著提高，可作为优质肥料用于农业生产，也可加工后制成菌体蛋白饲料喂养家畜，从而形成“秸秆—食用菌—饲料—粪便—回田”的能量多级利用、物质链式循环的生态农业模式。

（五）秸秆原料化利用技术

秸秆作为一种富含天然纤维素的材料，生物降解性好，可以开发为环境友好型产品。秸秆作为原材料主要用于造纸，同时，在建筑材料领域的应用也已相当广泛，已被开发加工为各种墙体材料、保温材料等。此外，还有少量用于制帘栅、一次性可降解餐盒、可降解型包装材料、人造炭、活性炭等。

二、秸秆综合利用不断推进

2012年我国主要秸秆总产量为92 158.9万吨，可收集量为79 110.5万吨，利用量为58 640.8万吨，综合利用率达74.1%。其中：全国秸秆肥料化利用量20 895.9万吨，占秸秆可收集量的26.4%；全国秸秆饲料化利用量21 310.8万吨，占秸秆可收集量的27.0%；全国秸秆能源化利用量10 790.5万吨，占秸秆可收集量的13.6%；全国秸秆基料化利用量2309.8万吨，占秸秆可收集量的2.9%；全国秸秆原料化利用量3333.8万吨，占秸秆可收集量的4.2%。

全国秸秆循环农业现场经验交流会

2012年10月30日，农业部在山东滨州召开全国秸秆循环农业现场经验交流会，总结交流各地的经验和做法，研究部署推进秸秆循环农业发展的重点工作。农业部科技教育司副司长、农业生态与资源保护总站站长王衍亮出席会议并讲话。

会议认为，秸秆是农业生产重要的有机肥源，是现代农业的重要物质基础，是可再生能源重要组成部分，推进秸秆资源商品化、资源化利用，将秸秆废弃物资源吃干榨尽，对于加快秸秆综合利用，促进农业增效、农民增收，改善农村生态环境，推动社会主义新农村建设都具有重要的意义。我国秸秆资源十分丰富，发展秸秆循环农业是培育新的经济增长点，促进农业增效、农民增收的重要途径；是缓解资源约束，转变农业增长方式的有效手段和现实选择；是改善生态环境，建设农村生态文明的重要抓手；是发展低碳绿色农业，应对全球气候变化的重要举措。

国际交流合作

在农业资源环境、农村能源领域，农业部一贯坚持多种形式、全方位的对外开放和国际交流与合作，积极拓宽合作范围和领域。与全球环境基金（GEF）、亚洲开发银行（ADB）、联合国开发计划署（UNDP）、壳牌基金等机构开展农村资源利用与环境保护和农村能源开发与利用项目外，还与丹麦政府、德国政府、全球清洁炉灶联盟(GACC)、国际标准化组织（ISO）、联合国粮农组织（FAO）、世界银行（WB）等开展了广泛的交流与合作。

农业资源环境保护国际公约履约

一、联合国气候变化和生物多样性履约谈判

（一）参与气候变化国际谈判

农业部积极参加《联合国气候变化框架公约》（以下简称《公约》）、《京都议定书》缔约方会议及其附属机构和重要的工作组会议，参加政府间气候变化专门委员会的相关活动，负责农业相关领域议题的谈判磋商，积极为未来我国农业发展贡献力量。主要负责或参与了“农业行业减排活动”、“行业方法问题”、“土地利用、土地利用变化与林业有关条款”、“造林和再造林CDM项目活动执行方式和模式”、“气候变化影响与适应”、“气候变化影响与适应5年工作计划”等议题的谈判。

先后派出近70人次参加各主要国际谈判会议，组织相关专家开展主要谈判议题的跟踪和对策研究；参加世界银行、粮农组织等农业应对气候变化相关问题的研讨，参与历次国家温室气体清单编制指南的编写和IPCC第四次评估报告的编写及评审组织开展农业领域清洁发展机制项目申请，目前已有多个畜禽养殖污染处理和农村户用沼气项目通过了国家评审，减少的温室气体排放量可为企业和国家带来数亿美元的经济效益。

（二）组织国内履约工作

为履行《公约》，减缓气候变化对农业和农村经济发展造成的不利影响，农业部积极组织开展国内履约工作，减少农业源温室气体排放，提高农业适应气候变化的能力，确保我国的粮食安全和生态安全。

2007年，农业部成立了应对气候变化与节能减排领导小组，印发了《农业部关于加强农业和农村节能减排工作的通知》，并采取了一系列行动和措施，减少温室气体排放，包括：将农业应对气候变化的相关工作纳入国家应对气候变化战略、规划；制定农业应对气候变化工作方案；协调农业领域各行业农业应对气候变化工作；开展农业温室气体排放统计；组织南京农业大学、中国农业科学院等科研院校开展气候变化相关问题研究；举办与气候变化有关的研讨会和培训班，包括中欧气候变化影响与适应国际研讨会、气候变化公约亚洲区气候变化影响与适应研讨会、农业领域开展清洁发展机制项目培训班等；在国家气候变化外宣片和相关材料中积极反应农业应对气候变化工作成果。

为实现保护世界上受到严重威胁的生物多样性、促进生物多样性的持续利用、公平分享使

用遗传资源所取得的惠益三大目标的《生物多样性公约》自1993年12月29日生效以来，已有10年。中国对履行《公约》持认真的态度，积极参与国际履约活动。

农业部每年均派员参加《公约》缔约方大会、科咨附属机构及相关特殊工作组会议，并负责农业生物多样性、草原生物多样性、内陆及海洋水域生物多样性和外来物种领域的谈判工作，参与遗传资源获取及惠益分享、自然保护区及传统知识等相关议题的履约谈判活动。制定和完善了一系列保护和持续利用生物多样性的政策、法律法规和规划，加强生物多样性的保护和科学研究，积极开展生物多样性的公众教育和培训，有效地保护了中国的生物多样性。

二、 参与全球农业温室气体研究联盟相关活动

全球研究联盟由新西兰发起，美国、加拿大等国家共同推动，于2009年12月16日在哥本哈根会议期间宣布成立农业温室气体研究国际平台。农业部分别参加了在新西兰惠灵顿、法国巴黎召开的高官会议，以观察员身份参与了会议讨论，为研究制定全球研究联盟宪章等机制建设和联盟下设各工作组工作计划做出了努力。2011年6月24日，牛盾副部长签署了全球研究联盟宪章，并代表中国在会上发言，介绍了我国特别是农业领域应对气候变化的有关政策和行动，并对全球研究联盟活动提出了相关建议。

在国家发展与改革委员会的统一协调下，农业部具体承担全球农业温室气体研究联盟的相关工作。为做好相关工作，组织国内农业科研院所和综合性大学的相关专家成立了全球农业温室气体研究联盟专家组，建立了联盟下畜禽、农田、水稻三个工作组和碳氮循环交叉工作组、清单及测量交叉工作组的专家工作机制，实时跟踪并参与联盟活动，了解并反馈国际农业温室气体研究最新动向，积极申明我国观点。

相关国际合作项目

一、作物野生近缘植物保护与可持续利用项目

（一）项目概要

作物野生近缘植物保护与可持续利用项目由全球环境基金（GEF）资助、联合国开发计划署（UNDP）执行、农业部（MOA）实施。项目于2007年6月正式启动，2013年12月30日结束。

项目旨在通过8个省（自治区）选定8个代表不同社会经济状况的示范点，开展激励机制建设、完善法律法规、加强能力建设（包括监测能力的建设）以及提高保护意识等一系列活动，消除示范点内对水稻、小麦、大豆野生近缘植物生存构成威胁的因素及其根源，对水稻、小麦和大豆野生近缘植物进行安全保护，并将示范点的成功经验推广到50个县，促进中国作物野生近缘植物保护的可持续发展。

项目总预算2069.2万美元，其中GEF出资805.6万美元（其中PDF阶段20.6万美元，项目实施785万美元），配套投资UNDP（折现金）65万美元、中央政府598.2万美元，地方政府621万美元。

（二）2012年项目工作进展

建立了野生植物保护的可持续激励机制 2012年，主要工作是全面总结示范点激励机制

节能砖项目四川彭山示范点工作交流会

全球环境基金节能砖与农村节能建筑市场转化项目现场推广会

建设的经验，以政策法规为先导，生计替代为核心，意识提高为纽带，整合资源，因地制宜，开展推广点建设工作。

通过全面总结8个示范点的建设经验，开展案例研究，并进行示范点激励机制建设社会经济影响评估，指导推广点激励机制建设。同时全面开展64个推广点的建设工作，通过采取实地调研和专题调研的方式，对推广点建设进行技术指导。通过对15省64个推广点资源与环境威胁因素缩减跟踪评估，结果表明，各目标物种的种群密度明显提高，威胁因素显著降低，使推广点建设更趋于科学、合理。

初步建立了支持野生近缘植物保护的政策体系 完成了《农业野生植物原生境保护点管理技术规范》、《农业野生植物原生境保护点监测预警技术规程》和《农业野生植物行政审批工作规范》3个标准的研究编制，推进了中国农业野生植物原生境保护点管理工作科学化、程序化、法制化；支持黑龙江、吉林、湖北、宁夏、新疆5省（自治区）制定了与农业生物多样性保护相关的3个省级管理办法，推动了中国农业生物多样性保护的政策体系建设。

二、节能砖与农村节能建筑市场转化项目

节能砖与农村节能建筑市场转化项目由全球环境基金（GEF）资助，联合国开发计划署（UNDP）执地，农业部（MOA）执行。项目于2010年5月正式启动，项目执行期为5年。

项目旨在通过开展多种方式相结合的活动，克服妨碍节能砖和节能建筑在中国农村地区推广和应用的政策、技术、信息和金融方面障碍，促进中国农村制砖行业、民用/商业建筑行业减排温室气体。

项目的总预算为5236.2118万美元，其中GEF资助700万美元，中方（各级政府及企业）

墙体自保温系统技术规程地方标准宣贯会

配套4536.2118万美元。

2012年，根据年度工作计划和预算，稳步推动了各项目活动，节能砖与农村节能建筑市场和政策体系建设有所突破，项目的影响力不断扩大，相关利益方的意识普遍提高。组织制定了国家标准2个，行业标准2个，地方标准1个，初步建立了节能砖和农村节能建筑的政策体系。

三、农业行业甲基溴淘汰项目

（一）项目概况

农业行业甲基溴淘汰项目是环境保护部对外经济合作领导小组办公室（以下简称“环保部外经办”）执行的中国甲基溴淘汰项目的一个子项目，由蒙特利尔议定书多边基金和意大利政府共同资助，联合国工业发展组织（UNIDO）作为国际执行机构，环境保护部作为国内牵头单位，农业部负责具体实施。项目执行期限为2008—2015年。实施地点主要在河北和山东省。

项目通过开展农业甲基溴替代技术的培训、示范、宣传和推广，让农民接受甲基溴替代技术，淘汰在草莓、番茄、黄瓜、茄子、辣椒、生姜、花卉、苗圃、人参、草坪上应用的5340DP吨（8900DS吨）甲基溴，从2015年1月1日起，将全面禁止甲基溴在农业行业的应用（必要用途豁免除外）。

（二）2012年项目进展

按照2012年工作计划，项目办积极推进各项活动的开展，完成了生姜作物的年度甲基溴替代示范和推广任务。

编制了《五种作物的嫁接技术改进方案》、《农业行业甲基溴替代项目监测评估方法》和《甲基溴淘汰对中国农业经济影响评估方法》，为甲基溴替代技术的推广应用提供技术支持，客观评价项目产生的社会影响和经济影响，促进甲基溴淘汰工作的可持续开展。

在河北、山东的项目点，采取聘请国内外专家现场授课的方式，对项目管理者、农技人员、熏蒸公司代表及农民进行培训，为技术支持机构提供技术咨询，为农民提供现场指导，推动项目顺利开展。支持企业开展固态药施药机械和液态药施药机械的研发，并完成样机的制作，进入样机试验验证及完善阶段；开展生姜甲基溴替代技术示范工作，并对甲基溴替代技术的效果及经济可行性进行了比较和分析；完成了生姜作物的年度甲基溴替代任务，使用甲基溴替代品处理106.24公顷生姜田块，替代甲基溴44.2吨。

生姜收获现场观摩会

四、中国华北地区集约化农业环境战略项目

2001年11月，中国商务部与德国经济合作部代表各自政府签署“中国华北地区集约化农业的环境战略”项目合作协议，由农业部和德国技术合作公司（GTZ）共同执行，旨在通过引进与借鉴德国在控制集约化农业对水资源污染和农产品污染方面的技术和成功经验，在我国华北地区（河北和山东）开展控制农业面源污染技术研究和示范，开发出适合我国国情的、能够有效解决农业面源污染的综合技术体系，最终在华北地区及全国进行推广。

在中德双方的努力下，项目在日光温室蔬菜生产节水、节肥与节药、畜禽养殖废弃物无害化处理与资源化利用以及农民培训模式创新等方面取得了显著成效。通过制定蔬菜和水果无公害生产技术指南以及日光温室蔬菜养分综合管理和病虫害综合防治生产技术包，并开展试点示范，改变了传统日光温室蔬菜生产方式，创建资源节约、环境友好型技术体系，确保农产品质量安全。通过在规模化养殖场试点示范，探索出畜禽废弃物无害化处理与资源化利用的新途径，有效控制疫病的发生和蔓延；创新农民培训与农技推广模式，为发展现代农业培养了一批理念新、技术好的新型农民。项目成果得到项目区政府高度评价，受到农民普遍欢迎。

五、中国乡镇企业节能与温室气体减排项目二期

（一）项目概况

“中国乡镇企业节能与温室气体减排项目”（简称TVE项目）由全球环境基金(GEF)资助、由联合国开发计划署(UNDP)负责实施、由联合国工业发展组织(UNIDO)和中国农业部(MOA)共同执行，由农业部科技教育司和乡镇企业局共同组织实施。

项目旨在帮助中国制砖、水泥、铸造以及炼焦四产业乡镇企业扩大使用高效节能技术，减少温室气体排放。项目通过机制创新与技术示范消除四行业在生产、销售及应用高效节能技术和产品的过程中存在的主要障碍，即市场、政策、技术及融资障碍。项目主要任务包括：创建国家、县及企业各级机构消除障碍机制；培养乡镇企业提供能源效率、改善产品质量的技术能力；为上述四产业的乡镇企业节能活动创造商业融资的途径；在全国范围内推广地方法规监管改革的成功实践。

项目由GEF援助799.2万美元，中方配套1055万美元。至2006年6月30日，中方各级政府实际配套641万美元、中国农业银行配套1750万美元、受益企业实际配套2730万美元。项目于2001年3月启动，至2007年年底结束。

（二）项目进展情况

经过6年的实施，项目成果远远超出设计目标。得到财政部、联合国开发计划署、联合国工业发展组织以及国内示范、推广企业等的较好评价。项目于2005年5月顺利通过UNDP组织的中期评估和最终评估，评估专家认为：“项目获得了非常成功的实施”。2009年，国家科技部科技评估中心受GEF评估局和国家财政部的委托，对TVE项目的催化作用进行了评估，认为：TVE项目实施非常成功，项目示范和推广成绩显著，取得的温室气体减排效果超出了预期，同时具有很强的可持续性。

节能减排效果显著 项目在水泥、制砖、铸造、炼焦四个行业共建成了8家节能示范企业、并带动了200多企业（包括项目直接支持的118家推广企业）进行了节能技改。实现每年节约标煤223.56万吨，减排二氧化碳558.9万吨的良好效果。

将节能自愿协议机制成功引入乡镇企业 为探索一种适应高度市场化的乡镇企业的节能管理新机制，引导乡镇企业开展节能减排活动，借鉴国际和国内有关项目的经验，项目率先将节能

自愿协议（节能自愿协议是行业组织或企业在自愿的基础上，以节能和减排温室气体为目的，与政府签订的一种协议）机制引入到乡镇企业，目前已有43家企业与当地政府签署了节能自愿协议，就企业中长期的节能减排活动向政府做了明确的承诺，政府根据本地的实际情况在税收、贴息、融资、研发等方面给予优惠政策。节能自愿协议机制的成功引入，其深远的意义在于使企业由被动的行政管理式节能减排转变为主动的社会责任节能减排。

成功示范带动企业节能　项目支持建成了中国第一家“五级新型干法水泥纯低温余热发电示范厂”，使新型干法水泥企业真正实现能源梯度利用。至2007年项目截止时，该项目累积发电4392万千瓦时，节约标煤1.6万吨，减排二氧化碳4.2万吨。全国已经建成和在建的新型干法水泥纯低温余热发电示范厂约90余家，国家发展与改革委员会已经将水泥纯低温余热发电项目作为鼓励发展技术列入国家中长期节能规划中。成功的示范也引起了周边国家企业的极大兴趣，来自印度、孟加拉、越南、澳大利亚、日本等国的企业家访问了项目的示范企业，孟加拉国已经签署了制砖示范技术的引进协议。

中德沼气合作项目进展介绍

2011年6月，中德两国总理在德国举行的首轮政府磋商会期间签署了中德合作框架协议，制订了中德农业五年合作计划，并在此框架下，两国农业部签署了《关于加强农业合作的共同声明》，重点在沼气、农业科技、现代农业示范农场、畜牧业和农业机械等领域加强合作。2012年8月30日，两国农业部又签署了《关于加强沼气合作的谅解备忘录》，拟定将设立联合工作组，筹建研发中心（开展政策和标准研究，成立功能实验室，建设示范工程），建立企业间交流机制。2013年1月，两国农业部签署了《2013—2014年中德沼气双边合作行动计划》，明确建立工作组会议制度，共同筹建研发中心（功能实验室和示范工程），联合举办展览会和论坛，并积极组织企业家进行互访和交流。

2011年11月4日，在北京召开了中德沼气合作战略研讨会，两国农业部副部长及100多名代表参加了会议；2012年1月，中方组织由中国农业大学和中国石油大学等科研教学单位和13家沼气企业共37人组成的代表团，参加了在德国不莱梅举办的中德企业沼气产业合作研讨会，并参加了第二十一届德国沼气年会暨展览会；2012年3月底，中方成立了中德沼气合作联合工作组，由农业部国际合作司和科技教育司共同组成；2012年11月1~2日，在成都召开了中德沼气合作工作组第一次工作会议，来自中德农业部及有关科研教学和企业代表近40人参加。2012年5月，在南京和武汉举办了“第三届中国生物质能源展览会暨沼气产业化国际合作论坛”，来自中德两国20多家企业参加展览会，并吸引了来自东盟各国和中国观众上千人参观，300多人参加论坛。近两年中，中国农业部和德国技术公司（GIZ）还组织开展了数期沼气技术培训班，并编印出版了相应的培训教材；农业部规划设计研究院与德国生物质研究中心（DBFZ）开展了定期交流和研究活动，中国农村能源行业协会和中国沼气学会也多次组团或派员参加赴德国的沼气工程考察活动。